드림

몬스터 마법수학

몬스터 마법수학

로봇 전투와 달 기지 폭파 下

초판 1쇄 인쇄 2014년 7월 10일
초판 1쇄 발행 2014년 7월 17일

지은이 정완상
글 안치현
그림 VOID

발행인 장상진
발행처 경향미디어
등록번호 제313-2002-477호
등록일자 2002년 1월 31일

주소 서울시 영등포구 양평동 2가 37-1번지 동아프라임밸리 507-508호
전화 1644-5613 | **팩스** 02) 304-5613

ISBN 978-89-6518-116-3 63410
978-89-6518-114-9(set)

· 값은 표지에 있습니다.
· 파본은 구입하신 서점에서 바꿔드립니다.

경향에듀는 경향미디어의 자녀교육 전문 브랜드입니다.

5학년 2학기 초등 수학 개정 교과서 전격 반영

몬스터 마법수학

로봇 전투와 달 기지 폭파 (下)

소수의 나눗셈 | 비와 비율
자료의 표현과 해석

저자 **정완상** 글 **안치현** 그림 **VOID**

경향에듀

머리말

〈몬스터 마법 수학〉으로 초등 수학 완전 정복!

흔히들 기본에 충실하면 된다고들 말하지요. 계산에만 열을 올리고 있다가 처음 문장제(문장으로 기술된 수학 문제)를 접하게 되면 초등학생들은 어떻게 식을 세워야 할지 몰라 난감한 표정을 짓게 됩니다. 그래서 이번 시리즈를 준비해 보았습니다. 초등 수학의 대표적인 문제 유형을 동화로 풀어 쓰자는 것이 이번 기획이었지요. 스토리 작가와 수학 콘텐츠 작가와 삽화 작가 세 사람이 재미있는 책을 만들기 위해 서로의 장점을 모았습니다.

최근 스마트 폰의 열풍으로 아이들이 스마트 폰의 게임이나 채팅에 너무 많은 시간을 빼앗겨 수학 공부에 재미를 붙이기가 쉽지 않습니다. 교과서가 과거보다는 많이 나아졌지만 아이들의 흥미를 유발하기에는 아직 부족한 점이 많다는 생각에 이 책을 기획하였습니다. 이 책은 아이들이 마치 게임을 하듯이 술술 읽어 내려가면서 저절로 수학의 개념을 깨우치도록 하는 데 목적을 두었습니다.

5학년 2학기 과정은 5학년 1학기 과정의 연장입니다. 분수와 소수 그리고 분수의 나눗셈을 공부하여 6학년에 배우게 될 혼합 계산의 초석을 다집니다. 소수의 곱셈과 나눗셈을 공부합니다. 공간 지각력을 필요로 하는 도형의 대칭을 공부합니다. 또한 비와 비율에 대해 공부하고, 그림의 크기와 개수로 수량의 많고 적음을 쉽게 파악하는 그림 그래프를 공부합니다.

이 책을 통해 아이들이 동화의 세계와 수학 공부가 따로 존재하는 것이 아니라 공존할 수 있다는 것을 알게 되었으면 합니다. 또한 스토리 텔링을 이용한 수학 공부를 통해 아이들이 수학에 점점 흥미를 가지게 되어 오일러나 가우스와 같은 훌륭한 수학자가 탄생하기를 기원해 봅니다. 끝으로 이 책이 나올 수 있도록 함께 고민한 경향미디어의 사장님과 경향미디어 편집부에 감사의 말을 전합니다.

국립 경상대학교 물리학과 교수 정완상

목차

상권

어둠으로 뒤덮인 세상

암흑 크리스털을 멈춰라!

하권

달 기지 총공격!

드러나는 음모

등장인물

반올림

초등학교 6학년으로 평소에는 덤벙거리지만 한번 문제에 맞닥뜨리면 엄청난 집중력과 응용력을 발휘한다. 임기응변과 순발력이 좋다. 아름이, 일원이와는 유치원 삼총사다. 어렸을 적부터 천부적인 수학적 재능을 가지고 있었으며 장래희망은 세계적인 수학자이다.

담임 선생님으로부터 방학이 끝나면 국제 수학 올림피아드 대회에 참가할 팀을 선발한다는 소식을 접한다. 단, 세 명 이상으로 구성된 팀이어야 한다는 조건이 있다. 삼총사 중 한 명인 아름이의 삼촌이자 수학 대가인 피타고레 박사님을 찾아가 함께 지내며 방학 동안 수학을 완벽히 마스터하기로 결심한다.

아름

반올림과 같은 반의 반장으로 반올림의 단짝이다. 새침하고 도도하며 공주병 증상이 있다. 속으로 반올림을 좋아하고 있지만 겉으로는 관심 없는 척한다. 수학을 제외한 모든 과목에서는 전교 1등을 놓친 적이 없다. 국제 초등학생 미술 대회와 피아노 콩쿠르에 나가서 우승을 차지할 정도로 예능에도 대단한 실력을 가지고 있다. 자신의 콤플렉스인 수학 성적을 올리기 위해 반올림과 한 팀이 되어 수학 올림피아드 대회에 참가하기로 마음먹는다.

일원

반올림과 같은 반이며 단짝이다. 뚱뚱하고 큰 덩치를 가지고 있다. 먹는 것이라면 자다가도 벌떡 일어나고 배가 고프면 항상 반올림을 귀찮게 조른다. 집중력이 부족하고 공부 자체에 대한 열의가 없지만 방학이 시작되자마자 반올림, 아름이와 함께 놀기 위해서 억지로 섬에 따라가게 되었다.

양우진

부유한 모기업 회장님의 아들로 자칭 타칭 얼리어답터이다. 최신형 스마트 폰과 최신형 스마트 패드를 지니고 최신형 롤러 신발을 신고 있다. 과학에서만큼은 누구에게도 지지 않는다. 다만 수학은 반올림에게 뒤진다는 생각에 반올림에게 라이벌 의식을 가지고 있다. 아름이를 좋아하여 늘 반올림보다 멋져 보이려고 노력한다. 유난히 깔끔한 척을 하며 벌레와 파충류를 무서워하는 약점이 있다.

피타고레 박사

수학계의 거장이다. 덩치도 거대하고 자칭 고대 천재 수학자 피타고라스의 후예라고 지칭한다. 그래서 자신의 별명 또한 피타고레로 지었다. 초등 학생들의 수학 기초력 향상을 위해서 무인도에 연구소를 차려 놓고 운영 중이다. 순수하면서도 괴짜인 수학 박사로, 자신의 수학적 지식을 친구로부터 선물 받은 알셈이라는 로봇의 전자두뇌에 입력했다.

알셈

피타고레 삼촌이 친구에게 선물로 받은 로봇으로, 피타고레의 조수 역할을 한다. 박사와 함께 수학을 연구하는 땅딸보 로봇(키 60cm) 알셈은 인간에게 무척 얄밉고 거만하게 구는 면이 있다. 하지만 위기가 닥치면 로봇다운 힘을 발휘하기도 한다.

유령선 미카엘

원래는 수학을 지키는 천사 미카엘이었으나 죄를 짓고 벌을 받아 유령선이 되어 지구에 떨어졌다. 벌을 면제받으려면 세 명 이상의 인간에게 완벽하게 수학을 알려 주어야 한다. 반올림 일행에게 마법의 아이템을 주고 퀘스트를 통해 그 아이템들을 강화시켜 주면서 일행을 돕는다.

루시퍼

한때 신으로부터 총애받는 천사였으나 신을 배신하고 반란을 일으켰다가 처참하게 패배하여 지구로 떨어졌다. 자신을 최고의 천사에서 악마로 만든 신을 항상 원망하며 유령선 미카엘이 다시 숫자의 천사로 돌아가려는 것을 악착같이 방해한다.

라파엘

일상에서는 새끼 드래곤의 모습(아름이가 붙여준 별명은 용용이)으로 생활하지만 본체는 화이트 드래곤이다. 미카엘과 마찬가지로 수학 대천사이며 위기에 빠진 반올림 일행을 몇 번이나 도와주었다. 말수가 적고 감정 표현이 서툰 미카엘과 달리 라파엘은 우호적이며 헌신적이다. 지구에서 반올림 일행을 태우고 이번 우주로의 모험에 끝까지 함께한다.

숫자벨 여사

몬스터 유령선 안에 있는 마법 학교의 원장이다. 미카엘이 과거 천사로 있을 때 그의 조수 역할을 했던 하급 천사였다. 그러다 미카엘이 죄를 짓고 벌을 받아 지구로 떨어질 때 같이 떨어졌다. 그녀는 유령선의 보조 역할을 하고 있으며 유령선이 태우고 있는 몬스터들과 유령선에 타는 인간들에게 수를 알려 주는 것이 주된 임무이다.

해골 대장

숫자벨 여사가 데리고 있는 몬스터들의 대장이다. 숫자벨 여사가 수학에 최고의 열정을 보인 몬스터들 중에서 특별히 조수로 뽑았다. 하지만 수천 년 수학 공부를 한 것에 비해 수학 실력은 형편없다. 겉으로는 무서운 척하지만 속은 선량하고 누구보다 인정이 많다. 무슨 일만 벌어지면 숫자벨 여사에게 달려가 고자질을 한다.

수학왕 반올림과 함께 배워요!

- 소수의 나눗셈
- 자료의 표현과 해석

달 기지 총공격!

정완상 선생님의 **수학 교실**

1장 달에 사는 몬스터?

비밀 기지는 생각보다 깊었다. 루시퍼가 달에 이런 비밀 기지를 만들었을 줄은 상상도 못했다.

계속 내려가면서도 아름이는 라파엘 걱정뿐이었다.

"라파엘 혼자 정말 괜찮을까? 지금이라도 돌아가서 도와주는 게……."

나 역시 같은 생각이었다. 거대한 골렘들은 크리스털을 지키는 몬스터들 같았는데, 달의 표면에 있는 돌로 뒤덮인 몸은 척 보기에도 강해 보였다. 물론 드래곤인 라파엘의 힘이야 의심할 여지없이 강력하겠지만 워낙에 골렘들의 수가 어마어마했다.

"그건 무리일 것 같구나. 지금 우리가 가진 산소가 1시간 분량 남았다는 경보가 울렸어. 되돌아가서 그 몬스터들을 모두 물리친다고 해도, 산소가 없어서 다시 미카엘의 유령선으로 복귀해야 될 거다."

피타고레 박사님 말씀이 맞았다. 우주복의 산소가 얼마 남지 않았다. 최대한 빨리 루시퍼의 달 기지를 파괴하고 유령선으로 돌아가야 했다.

"라파엘은 우리를 믿고 위험을 무릅썼어. 이대로 돌아가는 건 라파엘도 원하지 않을 거야."

나는 마음을 굳게 먹고 발걸음을 재촉했다. 아름이를 비롯한 다른 친구들도 내 말에 동의하며 속도를 냈다. 드디어 바닥에 도착한 우리는 앞으로 뚫린 길을 걷기 시작했다.

"어? 저기 뭔가 움직이는데? 뭐지?"

야무진이 가리키는 곳을 보니 정말로 저 멀리 맞은편에 조그만 물체가 움직이고 있었다. 육안으로는 식별할 수 없었다.

"내가 한번 볼게."

알셈이 렌즈를 줌으로 당겨 살펴보더니 이내 소리쳤다.

"앗! 모, 몬스터다!"

"뭣?"

어느새 간격을 좁힌 조그마한 물체를 자세히 보니 그건 키가 아주 작은 그렘린들이었다. 그렘린들은 수십 마리는 되어 보였고, 우리 우주복만큼은 아니지만 나름대로 제대로 된 우주복을 입고 있었다. 그리고 손에는 레이저 총 같은 것이 들려 있었다.

"어, 어쩌지? 여기서 싸워야 하나?"

"이봐, 인간들! 저 녀석들 무기도 들고 있는데다 숫자도 꽤 많다. 괜찮겠어?"

알셈이 불안하다는 듯 말했다. 그때 야무진이 뜻밖의 이야기를 꺼냈다.

"음. 내게 좋은 생각이 있어. 지난번에 마왕성에 잠입했을 때처럼 속여 보자."

야무진의 아이디어가 나쁘지는 않았지만 과연 그게 이번에도 통할까? 무엇보다 우주복 헬멧을 쓰고 있다지만 우리 얼굴은 투명 유리 너머로 훤히 다 보이고 있었다.

"그때는 망토와 두건으로 얼굴까지 몽땅 가렸다지만 지금은 아니잖아. 통할까?"

내가 의문을 제기하자 야무진이 씩 웃으며 말했다.

"후후, 얼리어답터인 이 몸을 우습게 보면 안 되지. 이미 이 우주복의 성능을 모두 파악했다고! 강한 태양빛으로부터 보호하기 위한 보호 장비가 장착되어 있더라고…… 여기 이 버튼을 누르면……."

그러더니 야무진은 팔에 달린 원격 조종 리모컨 같은 걸 눌렀다. 그러자 정말 철컥 소리와 함께 얼굴 앞에 있던 투명한 유리가 짙은 검은색으로 바뀌었다. 마치 선캡 같았다.

"우와, 이런 기능도 있었구나?"

"자, 다들 빨리 이 버튼을 눌러서 얼굴을 가려. 그리고 자연스럽게 행동하자고!"

우리는 야무진이 한 것처럼 버튼을 눌러서 검은 유리로 얼굴을 가렸다. 이윽고 3m 앞까지 가까이 온 그렘린들이 우리를 발견했다. 우리 일행을 수상하게 바라보며 경계하는 그렘린들에게 야무진이 먼저 말을 꺼냈다.

"뭘 하는 거냐! 빨리빨리 오지 못해!"

"예, 옛?"

맨 앞에 있던 그렘린이 당황해하며 대답했다. 대열을 정리하며 우리 쪽으로 뛰어오는 걸 보니 무리의 대장인 것 같았다.

"그런데 못 보던 몬스터 같은데…… 실례지만 누구십니까?"

질문 후에도 대장 그렘린은 경계를 풀지 않고 의심스러운 눈초리로 우리를 살폈다. 기대한 반응이 아니었는지 야무진은 조금 움찔했지만 도리어 더 큰소리로 윽박질렀다.

"그, 그건 내가 할 말이다! 우린 루시퍼 님의 비밀 특공대다! 너흰 여기서 뭘 하고 있는 거냐?"

"예? 크리스털 쪽에 경보가 울려서 부하들과 함께 지원을 가던 중이었습니다만……."

"그, 그래! 지금 크리스털 쪽에 뭔가 문제가 생긴 모양이다! 경보

뭐, 뭘 하고 있어! 어서 크리스털 쪽으로 가 봐!
...?

가 울린 지가 언제인데 이제야 오는 거야?"

야무진은 그렘린 대장에게 크리스털 쪽으로 얼른 가라고 재촉했고, 그렘린 대장은 뭔가 찜찜한 눈치였지만 설마 침입자가 이렇게 당당하게 이야기할까 싶은지 수긍하는 듯했다.

"예, 예. 그럼……. 다녀오겠습니다."

그렘린 대장은 수십 마리의 그렘린 부대와 함께 우리가 지나왔던 길로 향했다. 야무진도 그렇고 우리 모두는 가슴을 쓸어내리며 우리들끼리 들릴 만한 목소리로 작게 소곤거렸다.

"휴우. 들통 나는 줄 알았어."

"서두르자. 저 녀석들이 크리스털 쪽에 도착하면 우리 존재를 알아챌 거야."

우리는 가던 걸음을 마저 가려 했는데, 아름이가 말을 꺼냈다.

"잠깐만, 크리스털 쪽엔 지금도 라파엘이 싸우고 있잖아. 저 녀석들까지 합세하면 위험해질지도 몰라."

듣고 보니 맞는 말이었다. 저 그렘린 녀석들은 레이저 총까지 들고 있었는데…….

"그래. 최소한 지원군 정도는 우리가 끊어 줘야 하지 않겠어?"

일원이도 같은 생각인가 보다. 나는 우리 뒤로 걸어가고 있는 그렘린들을 보고는, 뒤에서 몰래 해골 목걸이를 이용해 공격하기로 했다.

“가만있어 봐, 내가 이 해골 목걸이로…….”

내가 숨죽인 채 우주복 안에 숨겨 놓은 해골 목걸이를 몰래 꺼내는 바로 그 순간, 그렘린 대장이 홱 뒤돌았고 나와 눈이 마주쳤다.

“저, 그런데…….”

“무, 무슨 일이지?”

심장이 멎을 뻔했다. 나는 빛과 같은 속도로 해골 목걸이를 재빨리 숨겼고, 태연한 척 말을 받아 대꾸했다. 다행히 그렘린 대장은 눈치채지 못한 것 같았다. 대신 의뭉스러운 표정으로 뜻밖의 말을 건넸다.

“부끄러운 얘깁니다만, 저희는 레벨이 낮다 보니 수학 지식이 많지 않아요. 지금 크리스털이 있는 비밀 게이트 입구가 닫혀 있을 텐데, 저희 수학 실력으로는 수학식으로 된 비밀번호를 풀 수가 없습니다.”

그러고 보니 우리가 비밀 게이트에 들어올 때 문은 점점 닫히기 시작했고, 입구에는 비밀번호를 입력하는 숫자 패드가 있던 것이 기억났다. 이 녀석, 설마 다시 그리로 가서 수학식을 풀고 문을 열어 달라는 건가? 그러기엔 시간이 촉박한데……. 나는 언짢은 목소리로 말했다.

"그, 그래서? 우리 보고 거기까지 같이 가서 문을 열어 달라는 거냐?"

그렘린 대장이 말을 이었다.

"아, 물론 함께 가 달라는 것은 아닙니다. 비밀 게이트의 수학식은 제가 외우고 있습니다. 비밀번호의 수학식을 불러 드릴 테니 답만 알려 주십시오. 루시퍼 님의 비밀 특공대시면 분명히 수학 지식은 저희들 따위와는 비교할 수도 없을 정도로 월등하겠지요?"

그렘린 대장은 여전히 우리를 의심하고 있다! 저 말은 분명 우리를 떠보기 위한 것임에 틀림없다. '루시퍼 님의 비밀 특공대'라고 일부러 강조하는 걸로 보아 수학 문제를 풀 수 있는 높은 레벨의 몬스터인지 시험하려는 속셈이다. 친구들도 모두 같은 생각이 들었는지 조그맣게 속삭였다.

"올림아, 당황하지 마. 여기서 침착하게 문제를 풀면 더 이상 의심하지 않을 거야."

"그게 좋겠어. 빨리 문제를 풀어 주고 입구 쪽으로 갈 때 뒤를 공격하자고!"

아름이와 일원이 말에 나도 동의했다.

"그것 참, 귀찮게 구는구나. 답을 말해 줄 테니 수학식을 불러 보거라."

내 말에 그렘린 대장은 씩 웃으며 말했다.

"예. 수학식은 51.6 ÷ 12입니다. 소수 나누기 자연수의 문제이지요. 저희는 자연수 나눗셈도 간신히 하는 수준이다 보니…… 설명도 해 주시면 감사하겠습니다."

흥, 네 녀석이 의심하고 있다는 걸 내가 모를 줄 알고? 내 멋지게 풀어 주고 그 의심의 눈초리를 싹 잠재워 주마! 나는 주위에 있는 돌멩이를 하나 주워 바닥에 식을 적으며 설명했다.

"잘 듣거라. 51.6 ÷ 12에서 소수와 자연수를 모두 분수로 바꾸면 이렇게 계산할 수 있다."

$$51.6 \div 12 = \frac{516}{10} \div 12 = \frac{516}{10} \times \frac{1}{12} = \frac{\overset{43}{\cancel{516}}}{10} \times \frac{1}{\underset{1}{\cancel{12}}} = \frac{43}{10} = 4.3$$

막힘없이 계산식을 적고 정답까지 냈지만 나는 다른 계산법으로도 풀어서 대장 그렘린의 의심을 말끔히 없애고 싶었다. 나는 바닥에 또 다른 식을 적으며 설명을 계속했다.

"자연수와 같은 방법으로 나눗셈을 하고, 몫의 소수점을 나눠지는 수의 소수점의 자리에 맞추어 찍는 방법도 있지. 식으로 나타내면 이렇게 된다."

$$
\begin{array}{r}
4.3 \\
12 \overline{)\,51.6} \\
\underline{48} \\
3\,6 \\
\underline{3\,6} \\
0
\end{array}
$$

내가 여기까지 설명하자 피타고레 박사님께서도 말을 꺼내셨다.

"그렇다. 만일 나눠지는 수가 소수 한 자리 수라면 몫도 소수 한 자리 수가 되고, 나눠지는 수가 소수 두 자리 수라면 몫도 소수 두 자리 수가 되지."

나이스, 박사님! 박사님까지 거들었으니 이제 우리는 완전히 수학 지식이 높은 레벨의 몬스터처럼 보일 것이다. 설명이 끝나자 그렘린 대장은 박수를 짝짝 치더니 기분 나쁘게 웃으며 말했다.

"오호! 그렇군요. 낄낄낄. 역시 대단하십니다. 그런데 뭔가 이상하군요."

"뭣?"

박수 치는 걸 멈춘 그렘린 대장은 갑자기 무서운 표정을 짓더니 나를 쏘아보며 이렇게 말했다.

"비밀 게이트의 문제는 그게 아닙니다. 전부 다 13.14 ÷ 9로 설정되어 있지요. 달 기지가 설립되고 단 한 번도 이 문제는 바뀐 적이 없습니다."

으악! 이 녀석, 나보다 한 수 위에 있었다. 애초에 전혀 다른 문제를 낸 거였다!

"이 정도의 문제를 풀 수 있는 건 분명 반올림과 그 일당들뿐! 얘들아, 침입자다! 공격!"

"으아아악!"

"드, 들켰다!"

이런! 이렇게 허망하게 들킬 줄이야! 그렘린들은 레이저 총을 들고는 우르르 달려오기 시작했다. 일원이와 내가 해골 목걸이와 헤드셋을 허겁지겁 꺼내고 있을 때 대열을 갖추고 있던 그렘린들은 레이저 총으로 이미 우릴 조준하고 있었다.

"발사!"

"에잇! 반사 보호막!"

발사 명령과 동시에 아름이가 팔찌를 꺼내 보호막을 펼쳤고, 간발의 차를 두고 그렘린들의 푸른 레이저 광선이 뿜어져 나왔다.

피융!

보호막에 닿은 레이저는 마치 거울에 닿은 것처럼 반사되어 다시 그렘린들에게 날아갔다. 그렘린들은 자기가 쏜 총에 자기들이 맞는 꼴이 되어 버렸다.

"끄아아아악!"

레이저 총의 성능은 놀라웠다. 레이저에 맞은 그렘린들은 몸을 부르르 떨며 그 자리에서 기절해 버렸다. 또 그중 몇몇 그렘린들은 기절 직전 몸을 떨면서 레이저 총의 방아쇠를 당겼고, 그 바람에 레이저 광선은 비밀통로 여기저기에서 무차별적으로 뿜어져 나왔다. 물론 우리는 아름이의 보호막 덕에 안전할 수 있었다. 10초도 안 되는 그 짧은 시간에 그렘린들은 모두 자기가 쏜 레이저 총에 맞아 해롱거리며 바닥에 축 늘어져 버렸다. 레이저 광선이 빗발치는 중에도 그렘린 대장은 무전기를 꺼내 들며 외쳤다.

"겨, 경고! 침입자 발생! 침입자 발생! 달 기지로 접근 중! 끄아아악!"

그렘린 대장은 무전을 하던 중 레이저 광선에 맞아 기절해 버렸다. 손쉽게 그렘린들을 모두 제압한 우리는 보호막에서 나와 기절한 녀석들 근처로 가까이 다가갔다.

"뭐야, 이 녀석들 별것도 아니었잖아?"

"그러게 말이야. 애초에 다짜고짜 공격했어도 쉽게 이겼을 것 같아."

"휴, 아름이의 순발력이 우릴 살렸어."

"그보다 어서 가야 해! 시간이 많이 지체됐어."

아름이의 말에 우리는 다시 가던 걸음을 재촉했다. 10분쯤 더 걸어갔을까? 지하 통로는 더 이상 아래로 내려가지 않고 조금씩 다시 위로 올라가는 구조로 바뀌더니 드디어 문이 하나 보였다. 문에는 비밀번호를 입력하는 숫자 패드와 액정이 있었다. 피타고레 박사님이 액정을 살피며 말씀하셨다.

"으음, 이게 아까 그렘린 대장이 말한 그 비밀번호 같구나."

"앗, 수학식이 뭐라고 했더라? 기억나는 사람?"

"훗, 이 몸이 그럴 줄 알고 아까 그렘린 대장의 말을 녹음해 뒀지.

분명 13.14 ÷ 9라고 했다."

"오, 알셈. 고마워."

어디 보자, 아직 계산하진 않았지만, 이번엔 나눠지는 수가 소수 두 자리 수니까 몫도 소수 두 자리 수가 된다. 먼저 소수와 자연수를 모두 분수로 바꾸어 풀거나 자연수의 나눗셈처럼 계산하면 돼.

$$13.14 \div 9 = \frac{1314}{100} \div 9 = \frac{1314}{100} \times \frac{1}{9} = \frac{\overset{146}{\cancel{1314}}}{100 \times \underset{1}{\cancel{9}}} = \frac{146}{100} = 1.46$$

$$\begin{array}{r}
1.46 \\
9 \,\overline{)\,13.14} \\
9 \\
\hline
41 \\
36 \\
\hline
54 \\
54 \\
\hline
0
\end{array}$$

비밀번호 1.46을 입력하자 삐 소리가 나며 문이 열렸고, 위로 올라가는 계단이 보였다. 계단을 조금 오르자 계단 위에는 다시 지상으로 올라가는 맨홀 뚜껑 같은 출구가 있었다. 나는 가까이 다가가 뚜껑을 살펴봤다. 뚜껑에는 작은 구멍이 뚫려 있어 밖을 내다볼 수 있었다. 구멍 틈으로 본 밖에는 달 기지로 추정되는 건물이 보였다. 여기저기 빨간 불빛이 시끄러운 소리를 내며 울리고 있는 것으로 보아 조금 전 그렘린 대장의 무전이 도착한 모양이었다.

"좋아, 제대로 도착한 모양이야. 모두 나갈 준비들 해."

"잠깐만, 주위에 몬스터들은 없어?"

아름이가 가까이 다가와 조심스럽게 뚜껑의 구멍 밖 여기저기를 살폈다. 나도 다시 한 번 살펴봤지만, 저 멀리 순찰 중인 몇몇 몬스터들이 돌아다닐 뿐 정작 구멍 근처에는 개미 새끼 한 마리 보이지 않았다.

"흠, 일단 여기서 나간 후에 살금살금 이동해서 기지 안으로 가는 문을 찾아봐야겠어. 내가 먼저 살짝 나가 볼게."

"나도 같이 가. 혹시 뭐가 날아오기라도 하면 내 보호막으로 막을 수 있으니까."

나와 아름이는 각자의 아이템을 손에 꼭 쥐고 맨홀 뚜껑의 스위치를 돌렸다. 그리고 고개를 살며시 내미는 순간, 쿵 하는 소리가 내 코앞에서 들렸다. 깜짝 놀란 나와 아름이는 맨홀 뚜껑을 다시 반쯤 닫고는 조심스럽게 소리가 난 곳

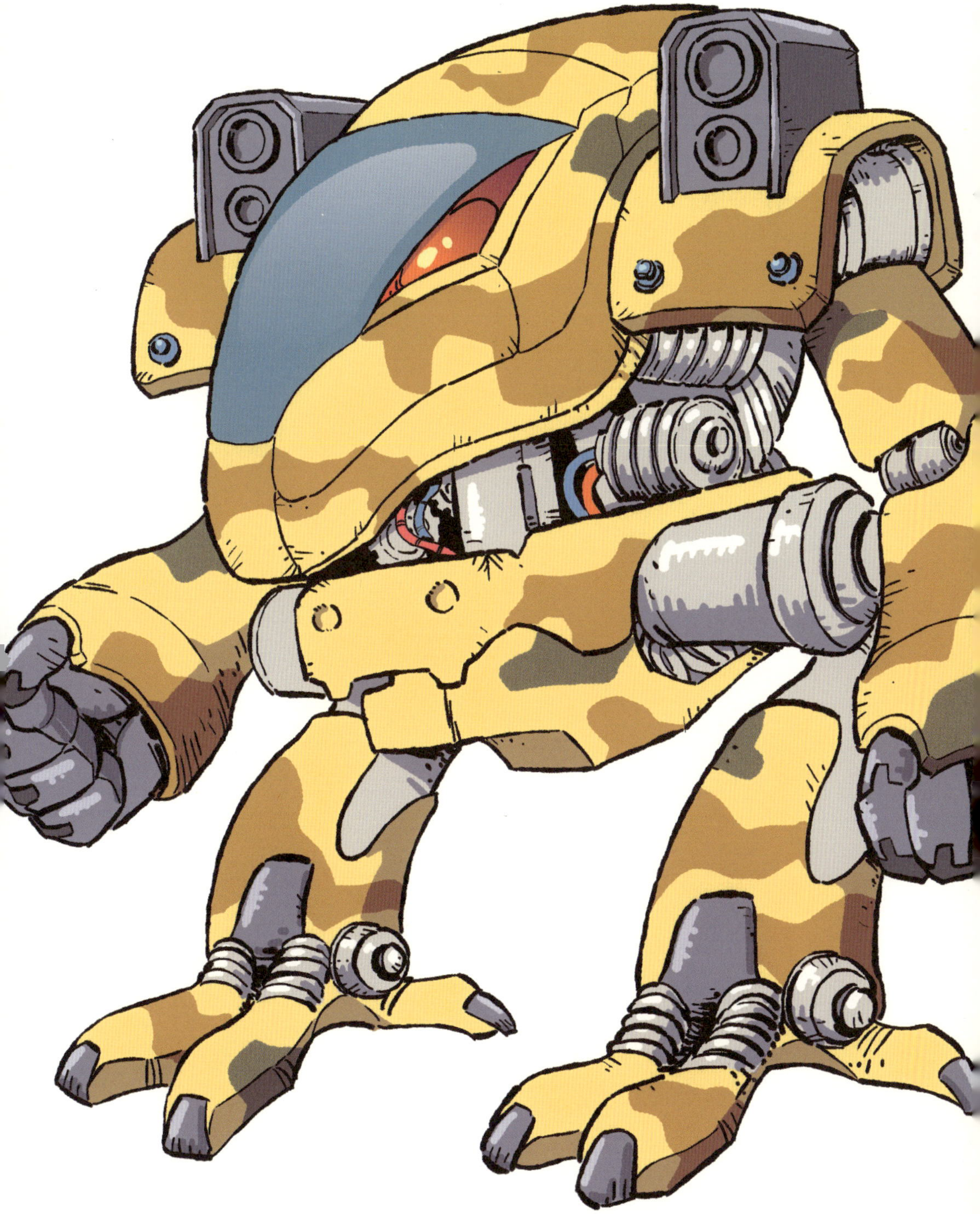

을 살펴보았다. 거대한 쇳덩이가 바닥에 부딪히며 나는 소리였는데, 그 정체가 궁금해서 위를 올려다본 나와 아름이는 비명을 지를 뻔했다.

"우왓? 로봇!"

2장 로봇 재탈환!

"쉿!!!"

큰소리를 내려는 야무진에게 재빨리 조용히 하라는 신호를 보냈다. 어휴, 우주복 때문에 입을 틀어막을 수도 없고…….

"저, 저게 루시퍼의 로봇인가?"

"얼핏 봐도 굉장히 강해 보이는데……."

"비켜 봐, 내가 특수 렌즈로 성능을 스캔해 볼게."

알셈이 우리를 물러서게 한 다음 맨홀 뚜껑에 난 조그만 틈으로 렌즈를 내밀어 로봇을 몰래 스캔했다.

"쳇, 인정하긴 싫지만 저 로봇은 나보다도 훨씬 더 최신형 기종이군. 로켓포와 화염 방사기 그리고 그렘린이 쓰던 것보다 훨씬 더 강력한 레이저 충격파까지 갖췄어. 재질도 특수한 금속이라 총에 맞아도 끄떡없을 거야."

"우와! 완전 짱이다!"

"……."

로봇의 뛰어난 성능에 저도 모르게 환호하는 야무진을 나는 말없이 째려봤다.

"미, 미안."

"휴, 그럼 어떻게 하지? 우린 마법 아이템 외에는 제대로 된 무기도 없는데……. 완전 무적의 로봇인가?"

"유일한 약점은 안에 탑승하고 있는 몬스터가 기계를 잘 다루긴 하지만 전투력은 형편없는 그렘린이라는 거야."

"흠. 그렇다면 어떻게든 가까이 붙어서 저 로봇 안에 있는 녀석만 꺼내면 된다는 건데……."

"그렇지. 그리고 거리가 가까우면 아마 내가 해킹(hacking)할 수도 있을 거야."

"해킹?"

생소한 용어라서 내가 되묻자 야무진이 불쑥 튀어나오며 말했다.

"오오, 해킹은 컴퓨터나 기계 등에 네트워크 등으로 접근하는 행위를 말하는 거야. 보통은 정보를 빼내거나 하는 나쁜 용도로 사용되지만, 알셈이 저 로봇을 해킹하면 우리 맘대로 조종할 수도 있다는 거지!"

"그렇다면 가까이 접근하기만 하면 된다는 건데……."

그때 우주복에 달린 무전기에서 약하지만 누군가의 목소리가 흘러나왔다.

"치직-칙. 반올림! 칙! 달 기지에 도착했나? 치직!"

"앗, 미카엘!"

놀랍게도 미카엘의 목소리였다. 우리가 비밀 게이트의 바깥쪽에 가까워지니 무전이 되는 모양이었다.

"치직! 몬스터들의 레이더가 무전을 방해하고 있군. 칙! 별일 없나?"

"미카엘! 라파엘…… 라파엘은 어떻게 됐나요?"

아름이가 다급하게 라파엘의 안부부터 물었다.

"치치직! 걱정 마라. 골렘들을 모두 제압하고 그쪽으로 가고 있다. 현재 상황은 어떻지?"

"아, 라파엘이 무사하다니 다행이에요. 지금 달 기지 앞에 도착했는데 거대한 로봇 때문에 나갈 수가 없어요."

"치직! 큰일이군. 우선 라파엘이 그리로 가고 있으니 라파엘이 싸울 때를 틈타 재빨리 달 기지로 접근하도록 해라. 나도 지원을 가겠다. 치지직!"

그리곤 무전이 끊겼다. 우리는 맨홀 뚜껑 아래에서 라파엘이 오기만을 초조하게 기다렸다. 아름이가 걱정스러운 표정으로 말했다.

"싸움을 끝내자마자 또 이곳으로 싸우러 온다니……. 라파엘은 괜찮을까?"

"얘, 얘들아 라파엘보다 우리가 더 위험하게 생겼구나. 이제 우주복의 산소가 40분밖에 남지 않았어."

"네엣?"

큰일이었다. 산소가 공급되고 있는 달 기지 안으로 빨리 들어가거나…… 아니면 차라리 다시 미카엘의 유령선으로 돌아가야 했다. 그때 거대한 드래곤의 포효 소리가 들렸다.

"크와아아아아!"

"라파엘!"

"드, 드래곤이다! 드래곤 라파엘이 나타났다!"

라파엘은 거대한 날개를 펼치며 달 기지 쪽으로 불길을 뿜어댔고, 그와 동시에 모든 몬스터들과 로봇들의 이목이 라파엘로 쏠렸다. 우리는 그 틈을 놓치지 않고 재빨리 맨홀 뚜껑을 열어 지상으로 올라왔다. 라파엘의 목소리가 무전기를 통해 들려왔다.

"여러분! 제가 입구의 몬스터들을 모두 유인하겠습니다! 서둘러 달 기지 내부로…… 아아악!"

"라파엘!!"

라파엘의 비명이 들리며 무전이 끊겼다. 라파엘 쪽을 보니 수많은 로봇들이 라파엘을 향해 화염 방사기와 레이저 총을 쏘아대고

있었다.

"크으윽!"

"안 돼! 도와줘야겠어!"

"그, 그래! 이러다간 정말 라파엘이 위험해!"

우리는 라파엘이 싸우는 틈에 몰래 기지로 들어가기로 한 작전을 과감히 포기했다. 남아 있는 산소가 얼마 없는 상황이었지만, 또

다시 라파엘 혼자 싸우게 둘 순 없지! 우리는 각자의 마법 아이템을 들고 라파엘 쪽으로 뛰어가기 시작했는데 갑자기 주변이 환해졌다. 달 기지 높은 곳에서 우리 쪽에 커다란 라이트를 쏜 것이다. 그와 동시에 달 기지 전체에 쩌렁쩌렁 방송이 울려 퍼졌다.

"침입자 발견! 반올림과 일당들이 저기 있다! 공격해라!"

그러자 라파엘과 대치하고 있던 몇몇 로봇과 그렘린 부대가 우리 쪽으로 달려오기 시작했다.

"바, 반사 보호막!"

"이야아압! 숫자 공격!"

아름이가 재빨리 반사 보호막을 펼쳤고, 일원이도 우주복 안에서 헤드셋을 착용해 공격했다. 나도 해골 목걸이를 몬스터들 쪽으로 뻗었다. 다행히 그렘린들의 레이저 총은 아름이의 보호막에 닿아 또다시 반사되었고, 내 해골 목걸이에서 튀어나온 광선과 일원이의 헤드셋에서 튀어나온 숫자들이 그렘린들을 추풍낙엽처럼 날려 버렸다. 하지만 그것도 잠시, 거대한 로봇의 전기 충격파에 아름이의 보호막이 깨져 버리며 우리는 모두 30m 정도 뒤로 튕겨졌다.

"우와앗?!"

"이, 이럴 수가, 아름이의 보호막이 깨져 버릴 정도의 위력이라니!"

"에잇, 너도 맛 좀 봐라!"

나와 일원이는 목걸이의 광선과 헤드셋의 숫자를 로봇 한 대에 집중적으로 퍼부었지만, 로봇은 잠시 주춤거릴 뿐 끄떡도 없었다. 오히려 우리를 향해 전기 충격파를 정조준해 발사했다.

"앗! 또 날아온다!"

"보, 보호막!"

콰콰쾅!

"으아아악!"

아름이가 재빨리 보호막을 펼쳤지만, 이번에도 보호막은 로봇의 충격파에 깨져 버렸고 우리는 또다시 한참을 뒤로 튕겨져 날아갔다. 다행히 달의 중력이 지구보다 적어 느껴지는 충격은 크지 않았지만, 계속해서 라파엘로부터 멀어지고 있었다.

"안 돼! 이대로 가다간 아름이가 마법을 쓰지 못하는 순간 모두 당하고 말거야!"

"얘들아! 여기 창고 같은 게 있구나. 일단 이 뒤로 숨자!"

피타고레 박사님이 발견하신 달 기지 뒤쪽의 창고로 우리는 피신했다. 거대한 로봇은 철컹거리며 우리를 향해 점점 다가오고 있었지만 그리 빠르지는 않아서 잠시 틈이 있었다. 나는 다급하게 미카엘을 불렀다.

"미, 미카엘! 도저히 접근할 수가 없어요! 라파엘도 위험해요! 시간을 멈춰줄 수 있나요?"

"치지직! 아니, 불가능하다. 치직! 달에서는 제대로 내 힘을 쓸 수 없어! 치지지지직!"

이런! 미카엘은 무전기를 통한 교신조차 불가능할 정도로 제대로 된 힘을 쓸 수 없나 보다. 어느새 거대 로봇은 우리 코앞까지 다가왔다. 우리는 전의를 상실한 채 이러지도 저러지도 못하는 상황에 절망적인 신음을 내뱉었다. 일원이가 울상이 되어 말했다.

"어, 어떻게 하지? 이제 더 도망칠 데도 없는데!"

거대 로봇이 쿵쿵 발을 찍으며 우리 바로 뒤까지 다가온 그 절체절명의 순간에 갑자기 우리 앞쪽에서 괴성이 들려왔다.

"우워어어어어어!"

"우왓? 유, 유령선의 몬스터들이다!"

정말이지 눈물이 나올 만큼 반가웠다. 미카엘은 우리가 숨어 있는 창고 앞쪽에 배를 정박해 갑판의 문을 열었고, 유령선에 있는 수많은 몬스터들이 우리를 도와주러 달려오고 있었다.

"으악! 지, 지원군이 왔다! 반복한다! 미카엘의 지원군이 왔다! 막아라!"

달 기지를 지키던 몬스터들의 당황한 목소리가 울려 퍼졌다. 그들도 이 상황은 전혀 예측하지 못한 것 같았다. 유령선의 몬스터 무리 속에 반가운 얼굴이 보였다. 바로 해골 대왕이었다.

"해골 대왕!"

"모두 반올림을 도와 루시퍼의 몬스터들을 물리쳐라! 공격!"

미카엘의 부하 몬스터들은 하나하나 놓고 보면 그리 강하지 않았다. 제대로 된 무기도 하나 없이 돌멩이며 나무막대기 등을 든, 레벨도 낮은 몬스터들이다. 하지만 수가 많았고 그 누구보다 용맹했다. 유령선의 몬스터들은 거대 로봇에 달려들어 발로 차고 깨물고 매달리는 등 치열하게 싸우고 있었다.

"모두들…… 우리를 위해서……."

그 모습에 우리는 크게 감동받았다. 눈물이 그렁그렁한 채 엉거주춤 서 있는 우리를 보고 해골 대왕이 소리쳤다.

"뭘 하고 있어 반올림! 어서 달 기지로 가! 라파엘 님은 우리가 지원하겠다!"

"자, 잠깐만요. 저 로봇! 저 로봇 안에 타고 있는 녀석을 빼내 주세요. 그럼 우리가 저 로봇을 조종할 수도 있을 것 같아요."

"그래? 알았다! 모두 로봇을 집중 공격해라!"

"우우우우!"

많은 수의 몬스터들이 용맹하게 달려들자 로봇은 힘도 제대로 써 보지 못하고 비틀거리며 주저앉았다. 이내 몬스터들은 탑승하는 곳의 뚜껑을 열고, 그 안에 타고 있던 그렘린을 흠씬 두들겨 패서 쫓아냈다.

"자, 어디 한번 해 볼까?"

그러자 알셈이 잽싸게 로봇에 접근했고, 피타고레 박사님이 알셈과 로봇 사이에 요상한 전기 회로들을 연결하셨다. 그러자 로봇 탑승석의 모니터에는 수상한 숫자들이 마구 떠다니기 시작했다. 알셈이 말했다.

"일단 해킹은 성공이야. 이제 암호를 입력하면 완벽히 이 로봇을 통제할 수 있어. 그런데 암호가 좀 이상한데?"

그 말에 우리는 로봇의 모니터를 가까이 들여다봤다. 모니터에는 이런 그림이 있었다.

31	27	25	30	42
54	34	36	26	48
35	41	33	29	53
37	40	52	42	28

줄기	잎

"이, 이게 뭐야? 이 표는 뭐고, 이 비어 있는 그래프는 뭐지? 줄기와 잎이라니?"

야무진은 어리둥절해했지만 피타고레 박사님은 단번에 알아채고 말씀하셨다.

"아하! 이건 줄기와 잎 그림이구나. 줄기를 십의 자리 수로 하고 잎을 일의 자리 수로 나타낸 그래프이지. 이 그래프는 각 자료의 수량을 하나도 안 빼고 모두 나타낼 수 있고, 자료의 전체적인 특징도 알 수 있다는 장점이 있단다."

오호? 그러고 보니 수학시간에 자료의 표현과 해석 단원에서 배운 기억이 났다.

"저도 알 것 같아요! 제가 직접 입력할게요."

나는 먼저 세로선 왼쪽인 줄기 쪽에 십의 자리들을 입력했다. 표에 있는 숫자들 중 십의 자리는 2, 3, 4, 5이다. 그리고 오른쪽의 잎에 해당하는 일의 자리 숫자들을 모두 빠르게 입력했다. 비밀번호 해제 성공!

줄기	잎
2	7 5 6 9 8
3	1 0 4 6 5 3 7
4	2 8 1 0 2
5	4 3 2

"삐빅-! 시스템 초기화 완료. 명령을 입력해 주세요."

"해냈다!"

우리는 방방 뛰며 기뻐했다. 이제 이 로봇은 우리 맘대로 조종할 수 있다. 야무진이 기다렸다는 듯이 조종석에 앉아 모니터에 이것저것 입력했다.

"좋았어! 이제 내 차례군! 여긴 내게 맡겨!"

야무진은 빠르게 타자를 두드렸고, 로봇의 공격 대상은 그렘린과 달 기지로 입력되었다. 우리 편이 된 로봇은 아무도 타지 않았지만 자동으로 그렘린과 달 기지를 공격하기 시작했다.

"여러분, 굉장하군요!"

"치지직! 훌륭하군. 과연 나를 실망시키지 않는구나."

어느새 기운을 차린 라파엘과 미카엘이 우리를 대견해했다. 유령선의 몬스터들도 사기가 올라 더욱 용맹하게 싸웠다. 우리는 상승 기세로 몰아붙여 다른 로봇 하나를 제압했고, 알셈과 박사님의 활약으로 또다시 해킹에 성공했다. 이번에는 새로운 화면이 떴다.

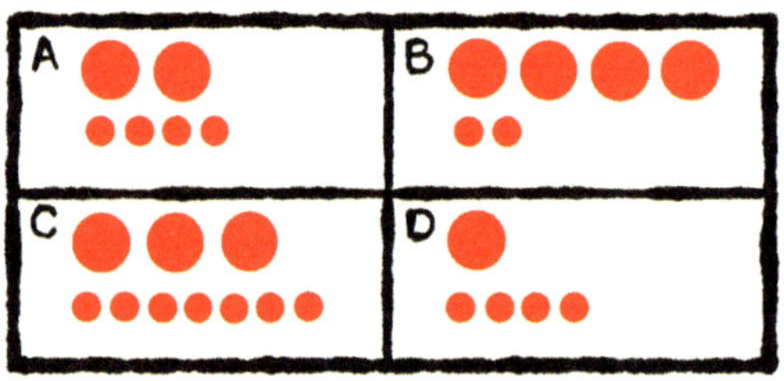

A	2400
B	
C	
D	

화면을 보고 처음엔 알쏭달쏭했지만, 이내 오른쪽의 수를 보고 피타고레 박사님께 물었다.

“박사님, 이건 혹시…….”

“맞아. 이건 그림그래프구나. 그림의 크기와 개수로 수량의 많고 적음을 파악하기 쉽다는 장점이 있는 그래프이지.”

“그렇군요. 가만 보니 그림그래프에 숫자는 없지만, A는 2400이라고 적혀 있네요.”

“그렇구나. 이 그림그래프에서 큰 동그라미가 1000, 작은 동그라미가 100을 뜻하고 있다는 것이지.”

좋아! 어렵지 않았다. B는 큰 동그라미 네 개와 작은 동그라미가

두 개니까 4200, C는 큰 동그라미 세 개와 작은 동그라미가 일곱 개니까 3700, D는 큰 동그라미 하나와 작은 동그라미 네 개니까 1400이었다. 차례대로 수를 입력해 또 비밀번호를 풀어냈다!

A	2400
B	4200
C	3700
D	1400

두 번째 거대 로봇도 이렇게 빼앗는 데 성공했다. 그 뒤에는 컴퓨터 능력자 야무진이 굉장한 속도로 명령어들을 입력해 로봇을 우리 편으로 만들었다.

우리는 나머지 로봇들도 같은 방식으로 하나씩 빼앗았고, 이내 달 기지의 모든 로봇은 우리 편이 되거나 몬스터들에 의해 파괴되었다. 패색이 짙어지자 달 기지의 몬스터들은 도망치거나 항복했다. 달 기지에 남아 있는 몬스터들은 아예 문을 굳게 잠가 버렸다. 마법 아이템과 로봇의 무기, 라파엘의 힘까지 동원해 봤지만 달 기지의 문은 흠집 하나 생기지 않았다. 라파엘이 난처한 얼굴로 말했다.

"큰일이군요. 이건 보통 금속이 아니라 루시퍼의 마법으로 특수 제작되어 어떤 충격에도 끄떡없겠어요."

"으음, 그렇다면…… 으악! 오, 올림아! 우, 우리 산소가 오, 오 분 남았어!"

"뭣?"

치열한 전투를 끝마치고 어떻게 문을 열어야 하나 고심하느라 깜빡 잊고 있었다. 남은 산소량이 겨우 오 분이라니! 나는 주위를 둘러보았다. 저 멀리 미카엘의 유령선이 보였다. 우주복을 입은 상황에서는 빨리 달릴 수 없으니…… 유령선까지 최소한 20분은 걸어가야 할 것 같았다.

"라, 라파엘! 우리를 유령선까지 태워줄 수 있나요?"

"그, 그게……. 저도 조금 전 전투로 날개에 부상을 입는 바람에……."

"치지직-! 반올림! 내가 서둘러 그쪽으로 가 보겠다. 하지만 나도 달의 중력 때문에 속도가 현저히 느리다. 10분은 걸릴 것 같다!"

"으아아악! 어, 어쩌지!"

"문! 문을 열어야 해! 달 기지 안에 산소가 있잖아!"

"그렇지만 저 문은…… 어?"

나는 달 기지의 문을 자세히 들여다보았다. 그곳에는 조그맣게 비밀번호를 입력하는 숫자 패드가 있었다. 그런데 지금과는 다르게 어떤 문제도, 힌트도 없이 그냥 숫자 패드만 덜렁 있었다.

"여, 여기 숫자 패드가 있어요! 비밀번호가 뭐지? 힌트도, 문제도 보이질 않아!"

우리가 어쩔 줄 몰라 발만 동동 구르고 있을 때, 해골 대왕이 그렘린 잔당 중 하나를 번쩍 들고는 말했다.

"반올림! 이 녀석이 비밀번호가 적힌 목걸이를 갖고 있는 것 같다!"

"네엣? 어디 줘 봐요!"

나는 그렘린이 걸고 있던 목걸이를 받아 번호를 살펴보았다. '81'이라는 수가 적혀 있었다. 나는 숫자 패드 근처에 서 있는 야무진을 향해 외쳤다.

"야무진! 비밀번호는 81이야!"

"알았어! 81…… 응? 틀렸나 본데?"

문은 미동도 않고 숫자 패드에서는 삐 소리만 났다. 목걸이의 번호가 비밀번호가 아닌가? 해골 대왕이 그렘린을 윽박질렀다.

"이봐! 비밀번호가 뭐야! 내 저녁 메뉴가 되기 싫으면 사실대로 말하는 게 좋을 걸!"

"히익! 모, 모릅니다! 진짜로 저도 몰라요! 다, 다만 저처럼 숫자가 적힌 목걸이를 가진 그렘린이 네 마리 더 있습니다요! 진짜입니요!"

"네 마리가 더 있다고?"

우리는 망설일 시간조차 없었다. 해골 대왕과 그 밖의 몬스터들, 그리고 라파엘까지 합세해 항복하고 무릎 꿇고 앉아 있는 그렘린들을 조사했다. 그 결과 정말로 네 개의 목걸이가 더 나왔다. 나는 네 개의 목걸이를 가져와 숫자 패드 앞에 섰다. 이제 남은 시간은 2분! 정말 시간이 없었다.

"빨리 입력해 봐! 다섯 개의 수는 81, 65, 96, 54, 84야!"

"알았어!"

야무진이 빠른 속도로 숫자 패드를 눌렀지만 그중 그 어떤 수도 비밀번호가 아닌지 삐 소리만 났다. 다급해진 우리는 다섯 개의 수를 모두 입력해 보기도 하고, 가장 작은 수인 54부터 입력하거나 가장 큰 수인 96부터 입력해 보기도 하는 등 여러 가지로 조합해 봤지만 모두 비밀번호가 아니었다. 이제 우주복에 남아 있는 산소량으로 버틸 수 있는 시간은 1분이었다.

"안 돼, 이제 틀렸어……."

"크흑, 차라리 포기하고 미카엘 쪽으로 달리기라도 할 걸……."

나와 친구들은 주저앉아 버렸다. 그럼 대체 이 다섯 개의 수들은 뭐지? 어? 잠깐, 수가 다섯 개라면 설마?

"펴, 평균! 평균을 내 보자!"

"응? 평균?"

"그래! 평균은 자료 전체의 합을 자료의 개수로 나눈 값이야! 우리가 학교에서 시험을 보면 전 과목의 평균 점수가 있잖아!"

"그렇구나! 빨리 계산해 봐! 30초 남았어!"

모두가 다급하게 소리쳤다. 이것이 마지막 희망이다!

평균을 구하는 식은 간단했다. '평균 = 자료의 합계 ÷ 자료의 개수'니까 먼저 자료의 합계를 구하면 65 + 81 + 96 + 54 + 84 = 380이다. 그리고 자료의 수가 다섯 개니까 5로 나누면 된다. 380 ÷ 5 = 76!

계산을 마치자마자 나는 숫자 패드 앞에서 발을 동동 구르고 있는 야무진에게 외쳤다.

"야무진! 다섯 개 수의 평균은 76이다! 어서 입력해!"

여러분, 본문 속에 녹아 있는 소수의 나눗셈과 그림그래프에 대해 더욱 자세히 알아 볼까요?

1 소수 ÷ 자연수의 나눗셈에 대해 더 공부해 볼까요?

몫이 소수 한 자리 수인 소수 ÷ 자연수

$$\begin{aligned} 51.6 \div 12 &= \frac{516}{10} \div 12 \\ &= \frac{516}{10} \times \frac{1}{12} \\ &= \frac{\cancel{516}^{43}}{10 \times 12} \\ &= \frac{43}{10} = 4.3 \end{aligned}$$

$$\begin{array}{r} 4.3 \\ 12 \overline{\smash{)}\,51.6} \\ \underline{48} \\ 3\,6 \\ \underline{3\,6} \\ 0 \end{array}$$

몫이 소수 두 자리 수인 소수 ÷ 자연수

$$
\begin{aligned}
& 13.14 \div 9 \\
&= \frac{1314}{100} \div 9 \\
&= \frac{1314}{100} \times \frac{1}{9} \\
&= \frac{\cancelto{146}{1314}}{100 \times \cancelto{1}{9}} \\
&= \frac{146}{100} = 1.46
\end{aligned}
$$

$$
\begin{array}{r}
1.46 \\
9\,\overline{)\,13.14} \\
\underline{9} \\
41 \\
\underline{36} \\
54 \\
\underline{54} \\
0
\end{array}
$$

몫의 자연수 부분이 0인 소수 ÷ 자연수

$$
\begin{aligned}
1.65 \div 5 &= \frac{165}{100} \div 5 \\
&= \frac{165}{100} \times \frac{1}{5} \\
&= \frac{\cancelto{33}{165}}{100 \times \cancelto{1}{5}} \\
&= \frac{33}{100} = 0.33
\end{aligned}
$$

$$
\begin{array}{r}
0.33 \\
5\,\overline{)\,1.65} \\
\underline{1.5} \\
15 \\
\underline{15} \\
0
\end{array}
$$

소수 끝자리 아래 0을 내려 계산하는 소수 ÷ 자연수

$$1.47 \div 6$$
$$= \frac{147}{10} \div 6$$
$$= \frac{147}{10 \times 6}$$

147과 6이 약분되지 않으므로 분자와 분모에 10을 곱한다.

$$= \frac{\overset{245}{\cancel{1470}}}{100 \times \underset{1}{\cancel{6}}}$$
$$= \frac{245}{100}$$
$$= 2.45$$

$$
\begin{array}{r}
2.45 \\
6\,\overline{)\,14.70} \\
12 \\
\hline
2.70 \\
2.4 \\
\hline
30 \\
30 \\
\hline
0
\end{array}
$$

2 자연수끼리의 나눗셈은 어떻게 할까요?

$$\begin{aligned} & 5 \div 4 \\ = & \frac{500}{100} \div 4 \\ = & \frac{\cancel{500}^{125}}{100 \times \cancel{4}_{1}} = \frac{125}{100} = 1.25 \end{aligned}$$

$$\begin{array}{r} 1.25 \\ 4\overline{)\,5.00} \\ 4 \\ \hline 10 \\ 8 \\ \hline 20 \\ 20 \\ \hline 0 \end{array}$$

3 그림그래프에 대해 알아볼까요?

조사한 수를 그림으로 나타낸 그래프를 그림그래프라고 해요. 다음은 그림그래프를 그리는 순서예요.

① 특징에 따라 그림을 결정하고 각 그림이 나타낼 수량을 결정한다.

② 조사한 수에 맞도록 그림을 그린다.

③ 그림그래프에 알맞은 제목을 붙인다.

다음은 가람마을, 마루마을, 사랑마을의 사과 생산량을 나타낸 그림그래프예요. 큰 사과 그림은 사과 100상자를 나타내고, 작은 사과 그림은 사과 10상자를 나타내요. 그러므로 가람마을은 230상자, 마루마을은 150상자, 사랑마을은 300상자를 생산한다는 것을 그림그래프를 통해 알 수 있지요.

4 그림그래프 문제를 풀어 볼까요?

다음 그림그래프는 일원이네 반 학생들이 가장 좋아하는 과목을 조사한 것입니다. 국어, 영어, 수학을 좋아하는 학생 수는 각각 몇 명일까요?

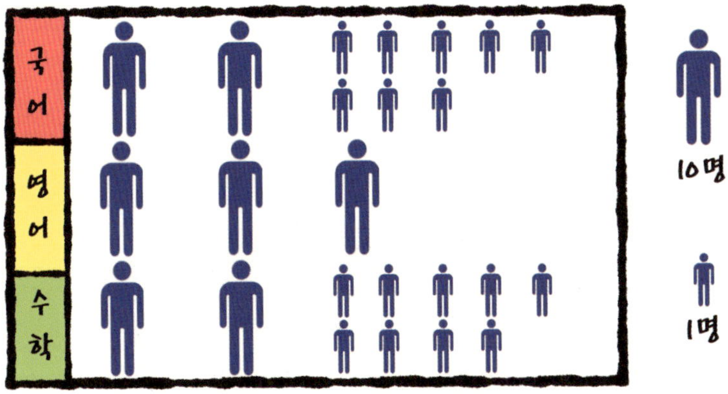

국어를 가장 좋아하는 학생은 28명, 영어를 가장 좋아하는 학생은 30명, 수학을 가장 좋아하는 학생은 29명이에요.

"오십 삼! 오십 사! 으으, 오십……오!"

"오오, 제법이구나. 오늘은 55회나 했는데?"

일원이는 얼마 전부터 다이어트를 한다며 하루에 한 번씩 팔 굽혀 펴기를 했다. 일원이는 흐르는 땀을 닦으며 말했다.

"이건 아무것도 아니에요. 며칠 전에는 58회까지 한 적도 있는걸요?"

"이야, 우리 일원이 다시 봐야겠구나. 불과 한 달 전에는 30회도 간신히 할까 말까 했었는데 말이야."

"헤헤, 저도 한다면 한다니까요? 이렇게 팔 굽혀 펴기를 할 때마다 기록을 재서 수첩에 적어 두고 있어요."

"그래? 그것 좀 보여 주겠니? 얼마나 실력이 늘었는지 한 번 보고 싶구나."

피타고레 박사는 일원이가 내민 수첩을 살펴보았다.

"어디 보자. 저번 달의 팔 굽혀 펴기 기록이 있구나. 저번 달에는 총 일곱 번 팔 굽혀 펴기를 했고, 각각 26, 18, 19, 30, 23, 20, 25회를 했구나."

"맞아요. 그럼 보통 몇 번 정도 했다고 할 수 있는 거죠?"

"그걸 바로 평균이라고 한단다. 그렇게 들쑥날쑥해서 한눈에 알아보기 어려운 자료들이 있을 때는 평균을 구해 보면 좋단다."

"우와! 그런 방법이 있군요. 평균은 어떻게 구하는 건데요?"

"간단하단다. 평균은 '자료의 합계 ÷ 자료의 개수'니까 지금의 경우는 저 일곱 번의 팔 굽혀 펴기 횟수를 모두 더한 뒤 7로 나눠 보면 되지."

"와, 어렵지 않네요? 그럼 제가 계산해 볼게요. 히히."

일원이는 신이 나서 수첩에 자료들을 모두 더하고, 7로 나누기를 했다.

"26 + 18 + 19 + 30 + 23 + 20 + 25 = 161이에요. 이걸 7로 나누면 161 ÷ 7 = 23! 제가 저번 달에 했던 팔 굽혀 펴기의 평균 기록은 23회네요. 와, 신기해요!"

"후후, 그럼 내친김에 이번 달에 했던 기록도 한 번 평균을 내 보지 그러니?"

"앗! 그럴까요? 이번 달은 총 여덟 번 했어요. 기록들이 비슷비슷했는데……."

일원이는 아까처럼 수첩을 꺼내서 이번 달 팔 굽혀 펴기 기록을 써 내려갔다.

"52, 54, 58, 51, 53, 57, 56, 55 이렇게 여덟 번이네요."

수첩을 보던 피타고레 박사는 우연히 숫자들이 차례대로 51부터 58까지 있다는 것을 알았다.

"음, 어쩌다 보다 51부터 58까지 차례대로 여덟 개가 됐구나."

"앗, 그러네요? 계산하기 편하게 작은 숫자부터 더해 봐야겠어요. 으으, 숫자가 커지니 시간이 오래 걸리네요. 51 + 52 = 103이고 거기에 53을 더하고……."

일원이가 끙끙대며 다섯 번째 회수를 더할 때쯤 피타고레 박사가 말했다.

"난 이미 알겠구나. 이번 달 팔 굽혀 펴기의 평균은 54.5회란다."

"네? 벌써요? 아무리 수학 박사시라지만 어떻게 그렇게 빨리? 말도 안 돼!"

한참 뒤에 계산을 끝낸 일원이는 깜짝 놀랐다. 정말 박사의 말대로 평균은 54.5회였다. 일원이는 박사의 암산 실력에 감탄을 금치 못했다. 그런데 박사는 과연 암산한 것일까?

해결

피타고레 박사가 암산을 한 것은 맞지만, 일원이의 계산법보다 훨씬 빠르고 쉬운 계산법으로 암산했다. 먼저 일원이가 적은 8개의 수들을 살펴보면 51, 52, 53, 54, 55, 56, 57, 58이다. 이는 다음과 같이 나타내 볼 수 있다.

$51 = 50 + 1$

$52 = 50 + 2$

$53 = 50 + 3$

$54 = 50 + 4$

$55 = 50 + 5$

$56 = 50 + 6$

$57 = 50 + 7$

$58 = 50 + 8$

50이 공통이므로 50에 더해진 수들의 평균을 구해서 더하면 구하는 수들의 평균이 된다. 1, 2, 3, 4, 5, 6, 7, 8의 평균은 $\frac{1+2+3+4+5+6+7+8}{8} = 4.5$이므로 구하는 평균은 $50 + 4.5 = 54.5$가 된다. 만일 자료의 값이 251, 252, 253 같은 큰 수라 할지라도 이 방법을 사용한다면 빠르게 평균을 구할 수 있다.

수학왕 반올림과 함께 배워요!

- 비와 비율
- 문제 해결 방법 찾기

드러나는
우오

정완상 선생님의 **수학 교실**

3장
사령관실로 가는 길

일촉즉발의 순간이었다. 우리는 3초를 남기고 달 기지 안으로 들어오는 데 성공했다. 행여나 열린 문으로 공기가 빠져나갈까봐 서둘러 문을 닫았다. 그 바람에 나와 일원이, 아름이, 야무진, 피타고레 박사님과 알셈까지 들어오고, 라파엘은 들어오지 못했다. 새끼 드래곤으로 변신할 시간도 없었으니……. 닫혀 버린 문은 비밀번호가 초기화되어 다시 열리지 않았다. 라파엘이 기지 밖에서 걱정스러운 말투로 물었다.

"여러분! 괜찮으십니까?"

"헉헉, 네. 괘, 괜찮아요!"

우리는 우주복의 헬멧을 벗었다. 예상대로 달 기지 안에는 산소 공급 장치가 있는지 숨을 쉴 수 있었다. 곧이어 미카엘의 목소리가 들렸다.

"치지직! 반올림! 그곳의 사령관실을 점령해라! 그곳에 크리스털과 기지를 파괴하는 장치가 있을 것이다. 이 근처에 배를 정박할 테니 임무를 마치면 숨을 참고 빠르게 배에 탑승해야 된다!"

"알았어요. 그런데 사령관실이 어디지?"

"앗, 저길 봐!"

일원이가 3층 정도 되는 높이의 유리창을 가리켰다. 유리창 너머로 선장모자를 쓴 조금 큰 덩치의 그렘린과 몇몇 그렘린들이 보였다.

"기어이 이곳까지 들어왔구나, 반올림! 나는 달 기지의 사령관! 자신 있으면 이곳까지 와 보거라! 그전에 통구이가 되겠지만 말이다! 크히히히!"

달 기지의 방송을 통해 사령관의 목소리가 울려 퍼졌다. 낄낄거리며 웃는 그렘린 사령관을 보던 야무진이 인상을 잔뜩 찌푸리며 말했다.

"뭐야, 저 요상한 녀석은? 거만한 게 영 맘에 안 드네."

"그보다 저기가 사령관실인 것 같아. 그런데 저 높은 곳까지 어떻게 올라가지?"

어디를 둘러봐도 사령관실로 가는 엘리베이터나 사다리 같은 건 없었다. 유일한 길로 보이는 것은 커다란 문 하나뿐이었다.

"일단 저기로 가봐야겠어. 길을 찾아서 올라가 보자."

"어? 이 문은 그냥 열려 있는데?"

그랬다. 지금까지의 다른 문들과 달리 그 문은 그냥 열려 있었다. 문 뒤로 이어진 통로를 살펴보았지만 몬스터도 안 보였고 함정 같은 것도 없어 보였다.

"흠, 별다른 건 없는 것 같은데? 일단 조심조심 천천히 가 보자."

맨 마지막에 있던 알셈까지 문 안쪽으로 들어오자 갑자기 쾅 하면서 문이 닫혔다.

"으악? 뭐, 뭐야?"

"히익! 저, 저기 좀 봐!"

맨 앞에 있던 일원이가 정면을 가리켰다. 조금 전까지만 해도 평온했던 그 복도의 양옆에서 뜨거운 불길이 뿜어져 나오고 있었다. 함정이다! 사령관이 통구이 어쩌고 하던 게 이런 뜻이었구나!

그 순간 기다렸다는 듯 달 기지에 방송이 울려 퍼졌다. 그렘린 사령관이었다.

"크히히히! 꼴좋구나, 반올림! 내가 아무런 준비도 없이 널 여기까지 오게 했을 것 같으냐! 그곳에는 3중의 함정 장치가 설치되어 있지. 과연 첫 번째 함정 장치인 그 복도를 지나올 수 있을까? 크히히히!"

얄미운 녀석. 난 천장에 대고 소리쳤다.

"너 이 녀석! 잡히면 가만 안 둘 줄 알아!"

야무진이 호들갑을 떨며 말했다.

"어쩌지? 아무리 봐도 비밀번호를 입력하는 숫자 패드를 찾을 수 없어!"

그러자 아름이가 말했다.

"음, 저 불도 기름이나 가스가 있으니까 나오고 있는 거잖아. 모두 떨어질 때까지 기다려 보는 건 어때?"

"크히히히. 그것도 괜찮은 생각이구나. 어차피 죽는 건 마찬가지겠지만 말이야."

아름이의 말이 끝나자마자 방송이 흘러나왔다. 이번에도 그렘린 사령관이었다. 낄낄거리는 사령관의 목소리는 계속 이어졌다.

"현재 루시퍼 님의 본대가 있는 거대 우주선에 긴급 지원 요청을 보냈다. 30분 후면 저 미카엘 놈의 유령선에 있는 몬스터들의 두 배도 넘는 루시퍼 님의 군단이 도착할 것이다. 크히히히! 거기서 불이 꺼지길 기다리다가 몬스터들에게 죽든지, 통구이가 되든지 알아서 선택하거라! 크히히히!"

"이, 이런!"

큰일이다. 30분 안에 사령관실을 점령해서 기지를 파괴하지 못하면 몬스터 군단까지 합세하게 되어 우리의 계획은 성공 가능성이 더욱 희박해진다.

"연료가 떨어질 때까지 마냥 기다리다간 바깥에 있는 라파엘과 미카엘 모두 위험해지겠어."

그때 박사님이 손가락을 딱 튕기며 말씀하셨다.

"잠깐, 이런 장치들은 분명 전자 회로에 의해 통제되고 있을 거야. 그걸 찾아보자."

"그래, 회로를 이 몸에게 연결만 한다면 아까처럼 해킹할 수 있을지도 몰라."

로봇을 물리쳤던 것처럼 알셈이 이번엔 복도의 함정 장치들을 해킹한다는 것이다. 우리는 서둘러 주위를 둘러봤지만 온통 금속 재질의 벽과 바닥만 보일 뿐 회로는 보이지 않았다. 피타고레 박사님께서 복도 한곳을 손으로 쿵쿵 두드려 보더니 말씀하셨다.

"앗! 여기다! 뭔가 안이 비어 있는 것 같구나. 알셈?"

"예. 제게 맡겨 주세요!"

알셈은 각종 공구들을 꺼내 벽을 뜯어냈다. 벽 안에는 여러 가지 복잡한 전기 회로들이 있었다. 알셈은 그 회로들을 자신의 몸에 연결하고는 말했다.

"으음, 일단 연결은 성공했지만 컴퓨터 같은 게 있어야 조작할 수 있겠는데?"

난데없이 컴퓨터라니……. 지금 우리가 그런 걸 갖고 있을 리 없잖아?

"잠깐! 혹시 내 스마트 폰에 연결할 수 있어?"

오옷! 그러고 보니 야무진의 스마트 폰이 있었다! 알셈은 스마트 폰을 들어 또 다른 코드로 자신의 몸에 연결했다. 그러자 스마트 폰에 함정 복도를 통제하는 화면이 나타났다!

"성공이다!"

"어, 어서 저 불을 꺼 봐!"

야무진은 스마트 폰을 이리저리 조작해 벽에서 뿜어져 나오는 불을 끄는 명령을 입력했다. 순탄하게 진행되는가 싶더니 스마트 폰의 화면에 이상한 도형이 뜨는 게 아닌가?

"이, 이게 뭐야? 이상한 도형이 나타나더니 비밀번호를 입력하라는데?"

"어디 좀 봐."

나도 가까이 붙어 스마트 폰을 들여다봤다. 스마트 폰엔 이런 그림과 글이 있었다.

"대체 무슨 말이야? 하여튼 몬스터들의 암호는 이상하다니까!"

야무진은 버럭 짜증을 냈다. 흠, 가만…… 나는 이 암호가 무엇인지 알 것 같았다.

"이건 '비'를 나타내는 문제야!"

"비?"

"그래. 두 수의 양을 '기호 :'을 사용하여 나타내는 거야. 축구 경기 같은 걸 할 때 '2 : 1' 같은 점수를 본적 있지? 이걸 '이 대 일'이라고 읽잖아."

"아하! 맞아! 나도 본 적 있어!"

축구를 좋아하는 일원이도 본 적이 있었나 보다. 피타고레 박사님께서도 설명을 거들어 주셨다.

"그래. 2 : 1은 '1에 대한 2의 비', 혹은 '2의 1에 대한 비'라고 부르고 간단하게 '2와 1의 비'라고도 말한단다."

설명을 듣던 아름이가 스마트 폰을 들여다보며 말했다.

"앗, 그러고 보니 이 문제는 '빨간색 부분에 대한 노란색 부분의 비'를 물어보고 있어요."

"그래. 비에서 앞에 오는 수를 비교하는 양, 뒤에 오는 수를 기준량이라고 하지. 비를 읽을 때 '~에 대한' 이라는 말은 기준량에 해당하는 수를 말한단다."

도형을 모두 센 일원이와 야무진이 말했다.

"빨간색 부분은 총 다섯 개, 노란색 부분은 총 세 개야."

"그럼 문제가 '빨간색 부분에 대한'이니까 기준량은 5가 되고, '노란색 부분의 비'니까 비교하는 양이 3이 되겠군."

"오, 야무진! 제법인데? 맞았어. 그래서 앞에 오는 비교하는 양은 3, 뒤에 오는 기준량은 5가 정답이야."

"어, 어험! 뭘 이 정도를 갖고! 자, 그럼 입력해 보실까!"

야무진은 오랜만에 듣는 내 칭찬에 쑥스러워하며 빈칸의 숫자들을 채워 넣었다.

"비밀번호는 삼 대 오!"

그러자 푸쉬시식 하는 소리와 함께 벽에서 뿜어져 나오던 불길이 멈췄다. 해킹에 성공했다!

"이얏호!"

"조, 좋아! 하지만 서둘러야 해! 이제 25분 남았어!"

우리는 기뻐할 겨를도 없이 서둘러 복도를 따라 걸어갔다. 복도의 끝에서 1층의 계단을 올라 2층의 복도에 다다르자 또 다른 장애물이 나타났는데, 아까보다 더 무시무시했다. 날카로운 칼날들이 바닥과 천장의 틈에서 튀어나와 이리저리 돌아다니고 있는 모습에 오금이 다 저려왔다.

"히이익! 이게 뭐야! 난 못 가! 안 가!"

"지, 진정해! 여기도 어딘가 전기 회로가 있을지 몰라!"

"그래! 아까처럼 힘을 모아 다같이 찾아보자."

징징대는 야무진을 진정시키고 우리는 또다시 약한 벽을 찾아

뜯어냈다. 알셈이 다시 전자회로를 자신의 몸에 연결했고, 또 한쪽 코드는 야무진의 스마트 폰에 연결했다. 이번에는 전혀 다른 문제가 나타났고, 비밀번호의 숫자도 네 개나 입력해야 했다.

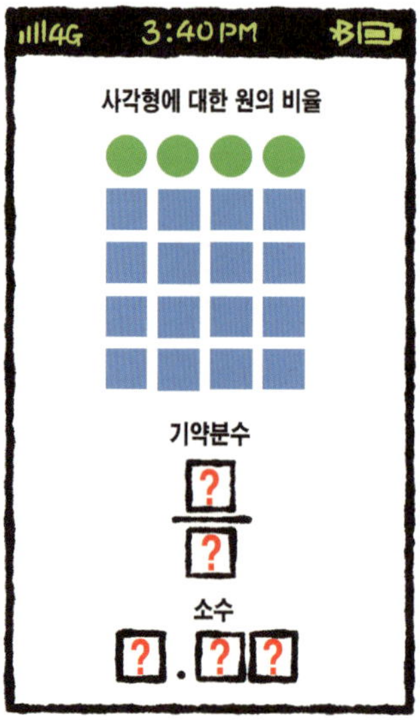

문제를 보자마자 도형의 숫자부터 센 야무진이 말했다.

"어? 이건 아까 문제랑 같은 것 아냐? 도형 20개 중에 원이 4개, 사각형이 16개니까 4 : 16 이잖아?"

어? 하지만 뭔가 좀 달랐다. 그때 피타고레 박사님께서 말씀하셨다.

"음, 이건 '비'가 아니라 '비율' 문제로구나. 비율 = $\frac{(\text{비교하는 양})}{(\text{기준량})}$

이라고 분수로 나타낼 수 있지."

"아하! 그럼 전체 도형이 20개 중 원이 4개니까 정답은 ……."

"자, 잠깐!"

나와 피타고레 박사님이 동시에 비밀번호를 누르려는 야무진의 손을 밀쳐내며 소리쳤다.

"아얏! 왜, 왜들 그래요?"

"어휴, 문제를 잘 봐. 야무진! '전체 도형에 대한 원의 비율'이 아냐. '사각형에 대한 원의 비율'이잖아."

"헉! 그, 그렇구나."

휴우, 박사님과 나의 순발력이 아니었으면 큰일 날 뻔했다. 그대로 비밀번호를 눌렀다간 어떤 끔찍한 일이 벌어졌을지……. 나는 침착하게 문제를 풀기 시작했다.

"비율 문제는 구하고자 하는 것이 어떤 것인지 문제를 잘 읽어 봐야 돼. '사각형에 대한 원의 비율'을 구하는 거니까, 전체 사각형의 수 16개가 기준량이 되고, 원 4개가 비교하는 양이 되는 거야. 그래서 분수로 나타내면 $\frac{4}{16}$가 되는 거지."

"시, 실수한 것뿐이라고! 자, $\frac{4}{16}$……."

"으악! 하지 마!"

난 또 키를 입력하려는 야무진을 홱 밀쳐냈다.

"또 왜!"

"침착하게 문제를 좀 보라니까! 기약분수로 입력해야 되잖아!"

"아……."

야무진은 얼굴이 빨개져 더 이상 아무 말도 하지 못했다. 어휴, 못살아.

"내가 입력할게. $\frac{4}{16}$의 기약분수는 $\frac{1}{4}$이고, $\frac{1\times25}{4\times25}=\frac{25}{100}$니까 소수로 나타내면 0.25!"

"앗! 칼날이 모두 사라졌어!"

"좋았어! 가자!"

그렇게 두 번째 함정 장치도 통과한 우리는 쭉쭉 위로 올라가 드디어 사령관실이 있는 3층에 도착했다. 3층의 복도는 벽과 바닥, 천장까지 사방에서 붉은 레이저가 뿜어져 나오고 있었다. 뚫어져라 레이저를 바라보던 알셈이 말했다.

"센서로 측정해 보니 저 레이저의 온도는 100도가 넘어. 몸에 닿으면 아주 안 좋은 일이 생길 것 같은데?"

"그, 그래. 이것도 제거하고 가는 게 좋겠어."

"서두르자! 루시퍼의 지원군이 올 때까지 10분밖에 안 남았어!"

알셈이 세 번째 해킹을 시작했고, 서둘러 야무진의 스마트 폰과 연결했다. 이번에도 그림과 함께 글이 나타났다.

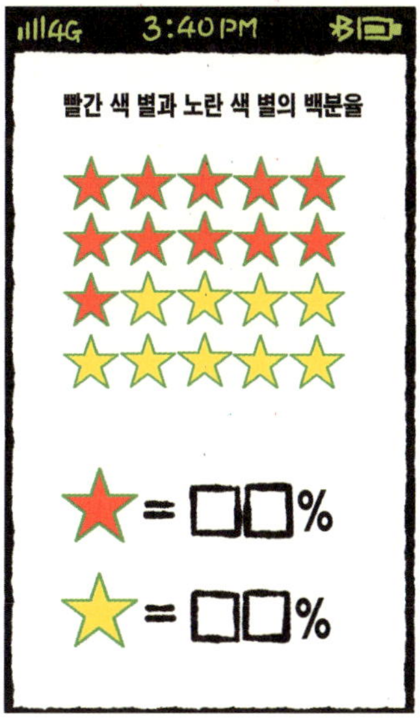

내가 별의 숫자를 세고 있는데 별거 아니라는 투로 야무진이 말했다.

"뭐야, 너무 간단한데? 빨간색 별은 11개! 노란색 별은 9개!"

나는 말없이 야무진을 째려봤다.

"그, 그런데 문제가 그걸 묻는 게 아니군. 봤어, 봤다고! 저 이상한 기호는 뭐지? 백분율은 또 뭐야?"

"백분율은 기준량을 100으로 할 때의 비율을 '기호 %'를 써서 나타내는 걸 말해. 우선 비로 나타내 보자. 별은 총 20개고, 그중 빨간색 별이 11개니까 전체 별에 대한 빨간색 별의 비는 11 : 20이 되겠지?"

"그래, 거기까진 알겠어. 그 비를 비율로 나타내면 $\frac{11}{20}$이지?"

"맞았어. 이제 기준량 20을 100으로 바꿔 주면 얼마가 돼?"

"$\frac{11\times5}{20\times5}$니까 $\frac{55}{100}$가 되는군."

"바로 그거야! 그 비율을 백분율로 나타내면 55%라고 쓰고 '오십오 퍼센트'라고 읽어."

"앗! 나도 알 것 같아!"

이번엔 일원이가 나섰다.

"그럼 이제 남은 노란색 별은 총 9개고 전체 별에 노란색 별의 비는 9 : 20, 비율로는 $\frac{9}{20}$가 돼. $\frac{9\times5}{20\times5}=\frac{45}{100}$니까 노란색 별의 백분율은 45%!"

역시 일원이는 기초만 알면 응용은 문제 없다니까? 아름이도 감탄하며 박수쳤다.

"우와! 일원이가 더 잘한다!"

"아, 아니…… 나도 그 정도는……!"

"시끄러워, 인간들! 시간 없으니 어서 숫자나 입력해!"

알셈의 호통에 야무진은 궁시렁대며 비밀번호를 입력했다.

"좋았어! 레이저가 사라졌다! 가자!"

루시퍼의 지원군 도착까지 남은 시간은 5분! 우리는 사령관실을 향해 달렸다.

4장
눈에는 눈! 이에는 이!

드디어 3층의 복도 끝에 사령관실의 모습이 보였다. 우리는 득달같이 달려들어 문을 열려 했지만 문은 굳게 잠겨 열리지 않았다. 안에 있던 그렘린 사령관이 우리를 보고 깜짝 놀랐다.

"크헛? 이 녀석들, 대체 어떻게 여기까지 온 거지?"

"그 정도 함정 장치쯤이야 해킹을 통해 멈추면 그만이지! 어서 문을 열지 못해!"

"흥! 내가 열어 줄 것 같으냐! 그 문은 어떤 종류의 해킹도 불가능한 보안 장치가 설치되어 있다! 절대로 열 수 없을 걸? 크히히히!"

유리창 너머로 사령관실 한쪽 구석에서 낄낄대며 우리를 비아냥거리는 그렘린 사령관이 보였다. 잔뜩 약이 오른 우리는 문을 발로 뻥 차기도 하고 마법 아이템도 쏘아 봤지만 문은 꿈쩍도 하지 않았다. 비밀번호를 입력하는 숫자 패드는 있었지만 어떤 문제도 없었다.

"잠깐만, 해킹을 시도해 볼게."

알셈이 나서서 문 앞에 연결된 숫자 패드에 해킹을 시도해 봤으나 그렘린 사령관의 말대로 해킹 자체가 불가능했다. 알셈이 온갖 도구를 꺼내 일차원적인 방법으로 문을 열어 보려고도 했지만 얼마나 단단한지 꿈쩍도 하지 않았다.

"해킹뿐 아니라 어떤 도구도 소용이 없어."

"이, 이런! 이제 몬스터 군단이 올 때까지 3분밖에 남지 않았어!"

"윽! 분해……. 어떻게 여기까지 올라왔는데……."

이대로 루시퍼의 지원군이 도착하면 우리는 꼼짝없이 독안에 든 쥐 신세가 된다. 방법이 없는 걸까? 우리가 실망하고 주저앉아 있을 때 3층 복도 끝에서 누군가 말했다.

"우리가 도와주겠심!"

"앗? 너희는?"

뜻밖의 녀석들이었다. 바로 우리가 처음 달 기지의 크리스털 장치에 도착했을 때 만난 슬라임들이었다. 라파엘의 모습에 겁먹고 울먹이던 걸 아름이가 잘 달래서 보내 줬던 바로 그 녀석들 말이다. 슬라임 세 마리는 몸을 통통 튀겨 우리가 있던 문 앞까지 왔다.

"너희는 우리를 때리지도 않고 무사히 보내줬심! 슬라임, 은혜는 꼭 갚는 몬스터임."

감동한 아름이가 슬라임 하나를 끌어안고 좋아했다.

"꺄아! 고마워! 너희들, 이 문의 비밀번호를 알고 있니?"

"아야야. 우, 우리도 다 알고 있는 건 아니지만 힌트를 알고 있심."

"힌트?"

"그렇심. 저 문의 비밀번호는 사령관 그렘린이 몬스터 수학 경시 대회에서 맞힌 시험 문제의 수로 설정해 놓았심. 다만 그게 몇 문제인지는 우리도 모르는 거임."

아리송한 말에 내가 좀 더 구체적 사항을 물었다.

"맞힌 시험 문제의 수? 그럼 시험의 점수라던가, 한 문제가 몇 점이었는지는 알고 있니?"

그러자 첫 번째 슬라임이 말했다.

"나는 그 시험이 총 20문제라는 것만 알고 있심."

두 번째 슬라임이 말했다.

"몬스터 수학 경시 대회에서 문제를 맞히면 4점을 받지만 틀리면 1점이 감점되는 거임."

세 번째 슬라임이 말했다.

"사령관 그렘린은 60점을 받았다며 좋아했었심."

세 마리 슬라임의 이야기를 듣고 일원이가 말했다.

"들을수록 더 모르겠네. 그것만 가지고 어떻게 몇 문제를 맞혔는지 알 수 있지?"

그러자 피타고레 박사님이 말씀하셨다.

"아니다, 알 수 있단다. 올림아, 지금 정보를 가지고 표를 그리면 문제 해결 방법을 찾을 수 있을 것 같구나."

"앗, 맞아요! 야무진! 잠깐 스마트 폰 좀 줘봐!"

나는 야무진의 스마트 폰의 메모장을 열어 표를 그리고 숫자들을 써 내려갔다. 야무진이 영문을 모르겠다는 듯이 말했다.

"갑자기 웬 표? 이걸로 어떻게 답을 알 수 있다는 거야?"

"잘 봐. 문제를 맞히면 4점이 더해지고 문제를 틀리면 1점이 감점되잖아. 문제는 20문제니까 문제를 모두 맞힌다면 20 × 4 = 80이니까 80점이 되겠지? 만일 열다섯 문제를 맞혔다면?"

"음? 열다섯 문제만 맞혔다면 15 × 4 = 60이고 다섯 문제는 틀렸으니 5점이 감점되서 60 − 5 = 55니까 점수는 55점이 되는군."

"바로 그거야! 그 경우의 수를 표로 그려 보면, 저 사령관 그렘린 녀석이 60점을 받았을 때 맞힌 문제의 수를 알 수 있어!"

나는 표를 그리기 시작했다.

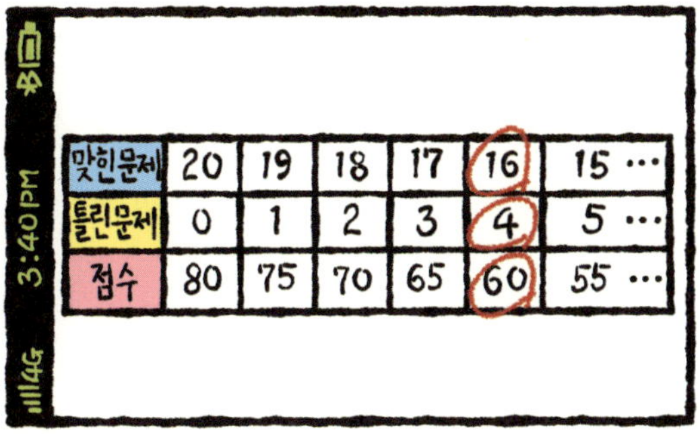

맞힌문제	20	19	18	17	16	15 …
틀린문제	0	1	2	3	4	5 …
점수	80	75	70	65	60	55 …

"알아냈다! 60점을 받을 때 맞힌 문제는 16문제! 틀린 문제는 4문제야! 비밀번호는 16!"

문이 열리고 우리는 드디어 사령관실에 들어갔다. 사령관 그렘린은 기겁을 하며 소리쳤다.

"흐익? 어, 어떻게 비밀번호를! 이, 이런 슬라임 배신자 녀석들!"

사령관 그렘린과 안에 남아 있던 그렘린 서너 마리는 그렘린답게 전투력이 형편없었고, 제대로 된 무기도 없었다. 마법 아이템을 쓸 것도 없이 일원이와 알셈의 펀치 몇 방에 모두 쓰러져 버렸다. 우리는 사령관 그렘린을 째려보며 벽에 몰아세웠다.

"크히히히! 하지만 이미 늦었다! 이미 지원군이 도착할 시간이 됐어! 지금이라도 무릎 꿇고 빈다면 목숨만은 살려 주마!"

"앗? 그, 그러고 보니……."

우리는 시계를 살펴봤다. 이미 루시퍼의 지원이 도착하기로 한 시간이 됐다. 이제 정말 꼼짝없이 당하는 건가? 우리가 잠시 멈칫하는 순간, 사령관 그렘린이 재빨리 몸을 날려 무전기를 잡아채 긴박하게 외쳤다.

"루, 루시퍼 님! 반올림과 그 일당들이 사령관실까지 침입했습니다요! 지원군을 사령관실로 보내 주십시오!"

"너 이 녀석!"

일원이가 사령관 그렘린을 다시 붙잡아 번쩍 들어올렸다. 사령관 그렘린은 움찔하며 고개를 잔뜩 움츠렸다. 그때 바닥에 떨어진 무전기에서 응답이 들려왔다. 바로 루시퍼였다!

"크하하하하! 잘했다, 사령관. 꽤 쓸모 있는 녀석이군."

"루, 루시퍼님! 크히히히! 이놈들은 이제 독안에 든 쥐나 다름없습니다!"

사령관 그렘린은 일원이에게 매달려 있으면서도 낄낄대며 좋아했다.

"그래, 정말 잘했군. 이제 날 위해 죽어 주면 될 것 같구나. 크하하하!"

"예, 예엣?"

그렘린 대장은 루시퍼의 말에 당혹스러워했다. 앗, 그러고 보니 밖에 있는 라파엘과 미카엘의 몬스터들은 괜찮을까? 나는 무전을 보냈다.

"라파엘! 라파엘! 밖에 루시퍼의 몬스터 군단이 도착했을 거예요! 모두 어떻게든 피하세요!"

하지만 들려온 라파엘의 대답은 뜻밖이었다.

"옛? 루시퍼의 지원군이요? 그럴 리가요. 밖에는 저희들 말고는 아무도 없습니다. 아주 조용한데요?"

"네, 네에?"

이게 어떻게 된 거지? 몬스터 군단이 오지 않은 건가? 우리가 영문을 몰라 서로를 바라보고 있던 바로 그때, 사령관실의 문이 쾅 하고 닫혔다.

"뭐? 뭐지?"

"사령관! 무슨 짓이야!"

야무진이 버럭 소리를 지르며 사령관 쪽을 쳐다봤다. 그런데 사령관은 일원이에게 붙잡혀 있는 모습 그대로였다.

"으잉? 난 문 닫는 버튼을 누르지 않았는데……?"

사령관 그렘린도 당황한 눈치였다. 이어서 달 기지의 모든 문이 닫히기 시작했다.

"후후후, 애초에 반올림을 포함한 일당들이 달 기지에 들어오게 하는 게 내 목적이었다. 달을 움직여 지구에 그림자를 만든 것도 네놈들이 여기로 올 줄 알았기 때문이지. 이제 5분 뒤에 달 기지는 자동으로 폭파될 것이다. 지난 번 내 성을 부순 대가를 치르게 해 주마. 크하하!"

"마, 말도 안 돼!"

"이럴 수가!"

애초에 달에 크리스털을 설치하고, 지구에 그림자를 만든 것이 우리를 달 기지로 유인하기 위한 것이었다니! 그 치밀함에 소름이 끼쳤다. 우리는 루시퍼의 계획대로 꼼짝없이 달 기지에 갇히고 말았다. 어쩐지 크리스털을 지키는 병력이나 달 기지의 병력들이 허술하다 싶더라니…… 이 모든 게 처음부터 루시퍼의 계략이었을 줄은 꿈에도 몰랐다.

"하지만 루시퍼 님! 이곳엔 저와 제 부하들도 있습니다!"

사령관 그렘린이 울먹이며 말했다. 잠깐, 그러고 보니 자기 부하들도 여기 있잖아?

"그래서? 그건 내 알 바 아니지. 내 복수를 위해 그 정도 희생은 영광인 줄 알거라. 크하하하!"

이런 나쁜 녀석! 우리야 그렇다 치고 자기 부하들까지 통째로 날려 버릴 생각이었다. 그 말을 끝으로 루시퍼의 응답은 끊겼고, 사령관실의 컴퓨터는 빨간색 경고 표시가 뜨며 윙윙거렸다. 그렘린 사경관은 망연자실해 주저앉아 버렸다.

“이, 이런! 이봐! 이것 좀 멈춰 봐!”

난 멍한 얼굴을 한 채 주저앉아 있는 사령관 그렘린을 마구 흔들며 말했다.

“틀렸어. 이건 루시퍼 님의 우주선에서 원격으로 작동되는 거야.

이 컴퓨터로는 멈출 수가 없다……."

"그렇다고 가만히 앉아서 죽기만 기다리자는 거야?"

나는 분통이 터져 발을 구르며 소리쳤다.

"자, 잠깐만! 원격으로 제어가 된다고? 그럼 내 스마트 폰으로도 원격 제어가 될지도 몰라."

야무진은 그렇게 말하며 재빨리 스마트 폰으로 사령관실의 컴퓨터에 연결을 시도했다.

"되, 될 것 같기도 해! 그런데 원격 제어 접근 코드에 이상한 숫자들이……."

"으앗? 이게 뭐야?"

슬쩍 들여다본 야무진의 스마트 폰 화면에는 영화 〈매트릭스〉에서나 보던 수상한 초록색 숫자들이 마구 떠다니고 있었다.

"기다려 봐, 내가 한번 해독해 볼게."

알셈은 자신의 전기 회로를 야무진의 스마트 폰에 연결했고, 순식간에 암호들을 해독해 냈다. 그러자 사령관실의 컴퓨터에 접속하는 암호가 나타났다.

"됐어! 그런데 이게 뭐지? 점들이 잔뜩 있는데?"

"어디 봐. 이건 혹시…… 규칙 찾기?"

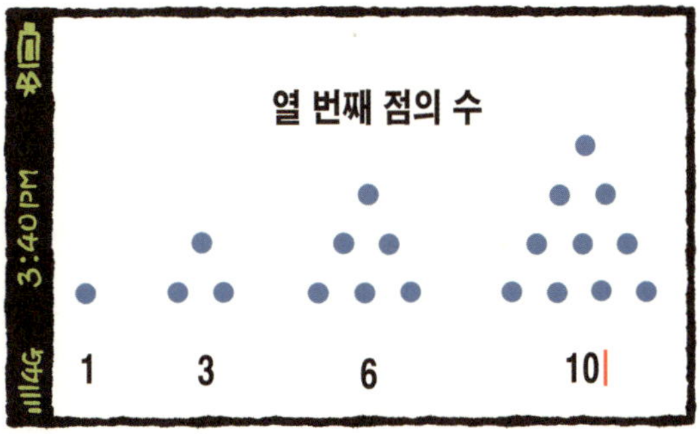

"으아, 겨우 네 번째 점이 10개인데, 열 번째 점을 어느 세월에 다 더하지?"

"2분 남았어! 빨리 점을 그려서라도 다 더해 봐!"

야무진과 일원이가 보챘지만 나는 차분히 그림을 살펴보다가 말했다.

"아냐! 굳이 다 그리지 않아도 돼! 이 점들은 규칙이 있다고!"

"규칙?"

"그래. 두 번째 세 개의 점은 1 + 2 = 3이고 세 번째 여섯 개의 점은 1 + 2 + 3 = 6이고, 네 번째 10개의 점은 1 + 2 + 3 + 4 = 10이지?"

여기까지 말하자 피타고레 박사님도 규칙을 파악하시고는 말씀하셨다.

"그래! 열 번째 점은 1 + 2 + 3 + 4 + 5 + 6 + 7 + 8 + 9 + 10! 답은 55구나!"

박사님의 말씀이 끝나기 무섭게 난 스마트 폰에 55를 입력했고, 사령관실의 컴퓨터에 대한 원격 제어 권한이 생겼다!

"포, 폭파 중지! 폭파 중지!"

야무진이 손가락이 보이지 않을 정도로 빠르게 이것저것 명령어를 입력했고, 아슬아슬하게 폭파는 중지되었다. 불과 2분을 남기고 말이다. 우리 모두는 다리에 힘이 풀려 바닥에 털썩 주저앉았다. 그렘린 사령관도 마찬가지였다.

"고, 고맙다. 너희들 덕분에 살았어. 루시퍼 님, 아니 루시퍼 이 나쁜 놈! 어떻게 나한테 이럴 수가 있어!"

"잠깐, 그보다 여기가 폭파되지 않았다는 걸 루시퍼가 알게 되면 어쩌지? 그럼 진짜로 루시퍼가 군대를 보낼지도 몰라."

그러고 보니 그랬다. 그때 아름이가 묘수가 있는지 야무진 목소리로 말했다.

"이 컴퓨터를 제어할 수 있다면, 다시 폭파시키는 것도 가능한 거지? 일단 여기 있는 무전기만 들고 이곳에서 나가자!"

"응? 그렇지만 우리 우주복에 더 이상 산소가 없는데……."

그러자 사령관 그렘린이 벌떡 일어나 말했다.

"산소 충전 장치는 이 기지 안에도 있다! 내가 안내해 줄게!"

달 기지의 모든 컴퓨터를 야무진의 스마트 폰으로 통제할 수 있게 되니 모든 게 순조로웠다. 모든 문을 버튼 하나로 열 수 있었고, 사령관 그렘린의 안내에 따라 우주복의 산소도 순조롭게 충전할 수 있었다. 우리는 달 기지 안에 있던 모든 몬스터들과 함께 기지 밖으로 빠져나왔다. 잔인한 루시퍼에게 배신당한 몬스터들은 모두 미카엘의 편이 되겠다며 자원해서 우리를 따랐다.

우리 모두 무사히 미카엘의 유령선에 탑승하자 유령선은 순식간에 달 기지가 작게 보일 정도로 날아올랐다. 아름이는 그제야 자신의 아이디어를 말했고 모두들 아름이의 기가 막힌 아이디어에 환호했다. 아름이가 야무진에게 말했다.

"지금이야. 야무진, 입력해!"

"자, 입력한다? 얍, 얍, 달 기지 10초 후 폭파!"

야무진이 원격 제어로 달 기지가 10초 후 폭발하도록 설정했다. 아름이가 사령관실에서 들고 나온 무전기를 손에 쥐고 말했다.

"자, 준비들 해. 리얼하게 부탁해! 3, 2, 1! 지금이야!"

"으아아악~! 끄아아악! 꺄아아아! 으어어어억~!"

우리는 무전기에 대고 혼신의 죽는 연기를 하며 비명을 질렀고 달 기지가 굉음을 내며 폭발하는 타이밍에 맞춰 무전기를 껐다. 루시퍼에게는 우리가 마치 그 안에 갇혀 있다가 죽은 것처럼 들릴 것이다. 다시 생각해도 정말 기가 막힌 아이디어였다. 아니나 다를까 무전기에서는 기뻐하는 루시퍼의 목소리가 들렸다.

"크하하하! 드디어 모두 죽었구나! 이 인간놈들! 크하하하하!"

"푸웁!"

더 크게 웃은 건 우리였다. 눈에는 눈! 이에는 이! 우리는 감쪽같이 루시퍼를 속였다! 더욱 진짜 같은 소리를 내기 위해 무전기는 라파엘이 불을 뿜어 태워서 망가뜨렸다. 루시퍼의 부하들이었던 그렘린들까지 박수를 치며 기뻐했다. 사령관 그렘린이 말했다.

"정말 고맙다. 너희들의 용기와 마음씨에 감동했어. 우리 그렘린들은 기계를 잘 다루니, 이제 미카엘 님의 유령선에서 여러 가지 기계들을 고치고 만드는 일을 하겠다."

슬라임 세 마리도 바닥에서 통통 튀며 말했다.

"우리도 잊으면 안 되는 거임!"

"하하하, 그래그래."

나와 친구들은 루시퍼에게 배신당하고 버려진 이 몬스터들을 받아 달라고 라파엘과 미카엘에게 정식으로 부탁했다. 두 수학 천사들은 흔쾌히 그들 모두를 유령선 새 식구로 맞아주었다. 유령선은 지구로의 복귀를 준비했고, 갑판 위에 선 우리에게 라파엘이 말했다.

"정말 훌륭합니다! 든든한 지원군까지 얻고, 완벽하게 임무를 수행하셨어요!"

"헤헷, 이 정도 쯤이야! 라파엘과 미카엘 그리고 용감한 여러 몬스터들 덕분이에요."

미카엘은 유령선을 지구 쪽으로 향하며 말했다.

"정말 잘해 주었다. 달도 완전히 정상적으로 움직이고 있어. 이제 지구의 생태계도 안전할 것이다."

아마 루시퍼는 한동안 우리가 죽은 줄로만 알고 있겠지? 속이 다 후련했다. 그렇게 우리는 또 한 번의 임무를 멋지게 수행해 내고, 홀가분한 마음으로 고향인 지구에 도착했다. 다만 지구에 내렸을 때 달에 비해서 무거운 지구의 중력 때문에 한동안 제대로 걷기 힘들었지만 말이다.

〈다음 권에 계속〉

여러분, 본문 속에 녹아 있는 비와 비율 그리고 규칙 찾기에 대해 더욱 자세히 알아볼까요?

1 비와 비율에 대해서 알아봅시다.

다음 그림에서 빨간색 사각형과 파란색 사각형의 비는 얼마일까요?

빨간색 사각형은 전부 7개고, 파란색 사각형은 전부 9개네요. 그럼 7 : 9 라고 씁니다. 쉽게 '칠대 구'라고 읽을 수도 있고, '9에 대한 7의 비' 혹은 '7의 9에 대한 비', '7과 9의 비'라고 말할 수도 있습니다.

7 : 9에서 앞에 오는 수 7을 비교하는 양이 이라고 하고, 뒤에 오는 수 9를 기준량이라고 합니다. 비를 읽을 때 '~에 대한'이라는 말은 기준량에 해당하는 수를 말해요. 그럼 비에 대해 알았으니, 이번에는 비율을 알아볼까요? 비율은 기준량을 분모로, 비교하는 양을 분자로 해서 분수로 나타낼 수 있어요.

$$\text{비율} = \frac{(\text{비교하는 양})}{(\text{기준량})}$$

7: 9의 비에서 기준량은 9, 비교하는 양은 7이죠? 그러니까 비율은 $\frac{7}{9}$ 이 됩니다. 이것은 '파란색 사각형에 대한 빨간색 사각형의 비율'이에요

2 백분율과 할푼리에 대해 알아봅시다.

기준량을 100으로 할 때의 비율을 백분율이라고 하고 기호 %를 써서 나타냅니다. 다음 그림에서 빨간색 사각형을 백분율로 나타내면 몇 % 일까요?

사각형은 총 25개인데, 그중 빨간색 사각형은 총 12개네요. 그럼 기준량은 25, 비교하는 양은 12니까 비로 나타내면 12 : 25가 되고, 비율로는 $\frac{12}{25}$가 되네요. 그런데 백분율은 기준량을 100으로 해야 되니까 비율의 기준량을 100으로 고쳐 봅시다. $\frac{12 \times 4}{25 \times 4} = \frac{48}{100}$이 되는군요. 그러므로 백분율은 48%라는 걸 알 수 있어요.

할푼리로 나타내 볼까요? 비율을 소수로 나타냈을 때 할은 소수 첫째 자리 숫자, 푼은 소수 둘째 자리 숫자, 리는 소수 셋째 자리 숫자를 나타냅니다. $\frac{12}{25}$를 소수로 나타내면 $\frac{12}{25} = \frac{48}{100} = 0.48$이지요? 그러니까 4할 8푼이라고 읽습니다.

만일 백분율 95%를 할푼리로 읽는다면 어떻게 될까요? 95%를 비율로 쓰면 $\frac{95}{100}$ = 0.95니까 9할 5푼이라고 읽는답니다.

3 표를 만들어 규칙 찾기를 해봅시다.

표를 이용해 동전의 개수를 구하는 문제를 풀어 봅시다. 100원짜리 동전과 50원짜리 동전을 합친 총액이 600원이에요. 이때 동전의 개수가 9개일 때 50원짜리 동전은 몇 개일까요? 이럴 땐 다음과 같이 표를 만들면 됩니다.

100원짜리 동전 개수	0	1	2	3	4	5	6	7	8	9
50원짜리 동전 개수	9	8	7	6	5	4	3	2	1	0
합친 금액	450	500	550	600	650	700	750	800	850	900

50원짜리 동전이 6개이고 100원짜리 동전이 3개일 때 600원이 되는 군요. 이렇게 표를 만들면 답이 보이는 문제가 많습니다.

또 다른 문제를 풀어볼까요? 토끼와 닭을 합쳐 모두 10마리가 있고 그 다리 수를 모두 합치면 26개라고 할 때 토끼는 몇 마리일까요? 토끼는 다리가 4개이고 닭은 다리가 2개죠? 그럼 다음과 같이 모든 가능한 경우에 대해 다리 수를 헤

아려 보세요. 다음의 표를 보면 토끼는 3마리이고 닭은 7마리일 때 합친 다리의 수가 26개라는 걸 알 수 있어요.

토끼의 수	0	1	2	3	4	5	6	7	8	9	10
닭의 수	10	9	8	7	6	5	4	3	2	1	0
합친 다리 수	20	22	24	26	28	30	32	34	36	38	40

"자, 자. 다들 준비 됐지? 세 번째 문제 시작한다!"

피타고레 박사의 탐정 사무소에서는 피타고레 박사 배 수학 경시 대회가 한창 진행 중이다. 우승 상품은 무려 공짜 피자 쿠폰! 박사는 우연히 선물 받은 피자 쿠폰을 어디에 쓸까 하다가 아이들의 수학 실력 향상을 위해 피자 쿠폰을 상품으로 걸고 수학 경시 대회를 개최한 것이다.

참가자는 반올림과 일원이, 아름이, 야무진이었다. 일원이는 평소 수학에 영 관심이 없었지만 공짜 피자를 먹겠다는 일념 하나로 눈에서 이글이글 불을 뿜고 있었다. 피타고레 박사가 문제를 내면, 가장 먼저 정답을 말하는 사람이 점수를 가져가는 방식으로 시험은 진행되고 있었다.

"2 + 5 − 4 + 10 − 4 + 6은?"

일원이는 피타고레 박사가 불러주는 대로 빠르게 식을 적었다. 마지막 + 6까지 다 적었을 무렵 올림이가 외쳤다.

"정답은 15입니다!"

"정답! 반올림 5점 추가!"

"으악! 정말 너무해!"

일원이는 좌절했다. 대강 예상은 했지만 도저히 올림이의 암산 속도를 따라갈 수가 없었다. 이후로도 여러 가지 사칙 연산 문제와 분수, 소수, 도형, 규칙 찾기 문제 등이 출제되었고, 일원이는 어쩌다 한 문제 정도 간신히 맞히는 수준이었다. 어느새 마지막 문제를 앞두고 피타고레 박사가 말했다.

"자! 지금까지의 점수를 높은 사람부터 순서대로 말하면 반올림이 75

점, 아름이 60점, 야무진 45점, 일원이가 30점이구나."

그 말에 속상해진 일원이가 울상을 지으며 말했다.

"에잇, 한 문제밖에 남지 않았는데 꼴찌 확정이잖아! 전 벌써 틀렸어요. 흑."

"응? 아냐아냐. 마지막 문제는 아주~ 아주~ 쉬울 수도 있지만 아주~ 아주~ 어려울 수도 있는 초특급 울트라 스페셜한 문제거든. 이 문제의 점수는 50점이란다."

"5, 50점?!"

일원이를 포함한 친구들은 모두 눈이 휘둥그레졌다. 50점이라니! 만일 일원이가 이 문제를 맞힌다면 총 점수는 80점! 1등인 올림이도 꺾을 수 있었다. 일원이는 침을 꼴깍 삼켰고, 다른 친구들도 모두 마지막 문제에 집중했다. 피타고레 박사가 문제를 냈다.

"자, 문제는 간단하단다. 네 자리의 수를 모두 적으려면 0은 전부 몇 번 쓰면 될까?"

"네, 네에~?"

일원이와 친구들은 얼굴을 찌푸렸다. 네 자리의 수 중 0이 들어가는 가장 작은 수는 1000, 가장 큰 수는 9990! 도대체 그 수천 개는 되는 수를 어느 세월에 다 세야 한담? 일원이가 좌절하며 주위를 돌아봤다. 야무진과 아름이는 벌써 1000부터 1001, 1002……를 적기 시작해서 일일이 0의 개수를 세고 있었다. 그 모습을 본 일원이도 이에 질세라 빠르게 수를 적어 내려갔다. 일원이가 1010까지 적었을 때, 그러니까 채 30초도 되지 않았을 무렵 반올림이 말했다.

"정답은 2700번입니다."

일원이는 당황했다.

"뭣? 벌써? 마, 말도 안 돼! 어떻게 그렇게 빨리 다 셀 수 있어?"

"정답이다! 우승은 반올림~!"

피타고레 박사는 박수를 치며 올림이에게 공짜 피자 쿠폰을 건넸다. 콧노래를 부르는 올림이를 보며 일원이는 강력하게 피타고레 박사에게 항의했다.

"박사님! 이건 반칙이에요! 올림이가 사전에 문제를 본 게 분명해요!"

그러자 올림이가 말했다.

"무슨 소리야? 난 비율의 개념을 사용한 것뿐이야."

거짓말이라며 계속 의심하는 일원이에게 올림이는 친절하게 어떻게 그렇게 빨리 계산할 수 있었는지 알려 주었다. 과연 반올림은 어떤 방법을 이용해 계산한 것일까?

해결

반올림이 말한 비율의 개념을 살펴보자. 우선 1000에서 9999까지는 9000개의 자연수가 있다. 그럼 일의 자리에 0이 나오는 비율은 전체의 $\frac{1}{10}$이므로 일의 자리에 쓰인 0의 개수는 $9000 \times \frac{1}{10} = 900$(개)가 된다. 마찬가지로 십의 자리에 쓰인 0의 개수도 900개, 백의 자리에 쓰인 0의 개수도 900개이므로 전체적으로 사용된 0의 개수는 $900 + 900 + 900 = 2700$(개)가 된다.